高等学校规划教材　国家精品课程系列教材

多媒体应用技术

董卫军　邢为民　索　琦　王安文　编著
耿国华　主审

电子工业出版社
Publishing House of Electronics Industry
北京·BEIJING

内 容 简 介

本书是国家级精品课程"计算机基础"系列之"多媒体技术"的主教材，教材以教育部计算机基础教育教学指导委员会关于高等学校计算机基础教育基本要求作指导，从培养学生媒体信息处理能力入手进行编写。全书共9章，主要包括：多媒体技术概述、图形图像处理技术、图形编辑软件 CorelDRAW、数字音频技术、数字音频编辑软件 Adobe Audition、计算机动画制作技术、动画编辑软件 Flash CS5、视频处理技术、视频编辑软件 VideoStudio。本书力求体现涵盖知识面宽、集成度高、实用性强和简明易懂的特点，强调实践、原理知识与应用技术紧密结合。为方便教学，本书还配有电子课件，任课教师可以登录华信教育资源网（www.hxedu.com.cn）免费注册下载。

本书可作为高等学校计算机基础课程，以及相关专业"多媒体技术"或"数字媒体技术"课程的教材，也可作为媒体处理专业人员和业余爱好者的参考书和工具书。

未经许可，不得以任何方式复制或抄袭本书之部分或全部内容。
版权所有，侵权必究。

图书在版编目（CIP）数据

多媒体应用技术/董卫军等编著. —北京：电子工业出版社，2013.1
高等学校规划教材
ISBN 978-7-121-19145-9

I.①多… II.①董… III.①多媒体技术－高等学校－教材 IV.①TP37

中国版本图书馆 CIP 数据核字（2012）第 288434 号

策划编辑：索蓉霞
责任编辑：索蓉霞　　　文字编辑：严永刚
印　　刷：北京七彩京通数码快印有限公司
装　　订：北京七彩京通数码快印有限公司
出版发行：电子工业出版社
　　　　　北京市海淀区万寿路173信箱　邮编　100036
开　　本：787×1 092　1/16　印张：13.75　字数：352千字
版　　次：2013年1月第1版
印　　次：2016年9月第3次印刷
定　　价：29.00元

凡所购买电子工业出版社图书有缺损问题，请向购买书店调换。若书店售缺，请与本社发行部联系，联系及邮购电话：（010）88254888，88258888。
质量投诉请发邮件至 zlts@phei.com.cn，盗版侵权举报请发邮件至 dbqq@phei.com.cn。
本书咨询联系方式：192910558（QQ群）。

前　　言

"大学计算机"教学面向文、理、工科学生，学科专业众多，要求各不相同。另外，随着时间的推移，今天的"大学计算机"已经不是传统意义上的计算机基础，其深度和广度都已发生了深刻的变化。基于目前"大学计算机"课程教学中的现状，依托国家级精品课程"计算机基础"，遵循教育部计算机基础教学指导委员会最新的高等学校计算机基础教育基本要求，西北大学在计算机基础教学方面，构建了"以学生为中心，以专业为基础"的"计算机导论＋专业结合后继课程"的计算机基础分类培养课程体系，体现了当前本科教育的新理念和新教学特点。

本书是分类培养课程体系中"多媒体技术"的配套教材。

随着计算机及网络技术的发展，多媒体应用技术已逐渐进入各行各业及千家万户，并在各个领域发挥着重要的作用。多媒体应用技术在给人们的学习、工作和生活增添乐趣的同时，也已成为 IT 行业的一种重要技能。

为适应多媒体技术迅速普及的新形势，以及社会对应用型、技能型人才的需求，在深入分析本科学生媒体信息处理需求的基础上，总结了多年教学经验，梳理出适应非计算机专业学生多媒体技术和应用能力培养的教材内容体系，其核心宗旨是强化学生的计算机技能，培养学生的信息化素养与媒体处理能力，使学生能够主动利用信息化手段学习知识、更新知识、创新知识、发布信息。

教材以提高学生的信息素质和媒体信息处理能力为目的，对媒体处理的基本概念、原理和方法由浅入深、循序渐进地进行了讲解。

全书采用"理论＋技术"的内容组织方式，共分为 9 章。

理论部分通过对多媒体技术、图形图像处理技术、数字音频技术、视频处理技术、计算机动画制作技术的介绍，使读者对多媒体技术的基本理论有一个初步的了解，又不至于困扰于理论细节。

技术部分主要介绍图形编辑软件 CorelDRAW、数字音频编辑软件 Adobe Audition、动画编辑软件 Flash CS5、视频编辑软件 VideoStudio 等主流媒体处理软件的使用，使读者在最短时间内具备媒体处理能力。这样的组织方式，既照顾到理论基础的坚实，又强调技术实践的应用。

为方便教学，本书还配有电子课件，任课教师可以登录华信教育资源网（www.hxedu.com.cn）免费注册下载。

本书由多年从事计算机教学的一线教师编写。其中，董卫军编写第 1~3 章、邢为民编写第 4~5 章、索琦编写第 6~7 章、王安文编写第 8~9 章。本书由董卫军统稿，由西北大学耿国华教授主审。在成书之际，感谢教学团队成员的帮助。

由于水平有限，书中难免有不妥之处，恳请指正。

编　者
于西安·西北大学

目 录

第 1 章 多媒体技术概述 1
  1.1 媒体与多媒体 1
    1.1.1 媒体 1
    1.1.2 多媒体技术中的媒体类型 1
    1.1.3 多媒体 2
    1.1.4 多媒体技术的应用 4
  1.2 多媒体计算机的组成 5
    1.2.1 多媒体硬件系统 5
    1.2.2 多媒体软件系统 6
  1.3 多媒体系统的主要技术 7
    1.3.1 多媒体数据压缩技术 7
    1.3.2 多媒体数据的采集与存储 8
    1.3.3 流媒体技术 12
    1.3.4 虚拟现实技术 14
  1.4 多媒体产品的开发 16
    1.4.1 多媒体产品的常见形式 16
    1.4.2 常见开发工具 17
    1.4.3 基本开发流程 18
  习题 1 21

第 2 章 图形图像处理 24
  2.1 图形处理 24
    2.1.1 图形 24
    2.1.2 常见的图形处理软件 25
  2.2 图像处理 26
    2.2.1 色彩概述 26
    2.2.2 颜色模式 27
    2.2.3 图像数字化 30
    2.2.4 常见的图像处理软件 32
  习题 2 33

第 3 章 图形编辑软件 CorelDRAW 35
  3.1 CorelDRAW 基本操作 35
    3.1.1 功能简介 35
    3.1.2 工作界面 36
    3.1.3 文件的基本操作 37

3.1.4　版面管理 ·· 40
3.2　图形处理 ··· 40
　　　3.2.1　创建基本图形 ·· 41
　　　3.2.2　轮廓处理 ·· 42
　　　3.2.3　颜色填充 ·· 43
　　　3.2.4　交互式调和工具组 ·· 46
　　　3.2.5　透镜效果 ·· 47
　　　3.2.6　对象的选择 ·· 50
　　　3.2.7　对象的变换 ·· 50
　　　3.2.8　对象的编辑 ·· 51
　　　3.2.9　对象的群组结合与造型 ·· 54
3.3　文本处理 ··· 55
　　　3.3.1　创建文本 ·· 55
　　　3.3.2　制作文本效果 ·· 57
3.4　位图处理 ··· 59
　　　3.4.1　位图的变换处理 ·· 59
　　　3.4.2　位图的效果处理 ·· 60
　　　3.4.3　位图的色彩遮罩和色彩模式 ·· 60
　　　3.4.4　应用滤镜 ·· 62
3.5　应用举例 ··· 64
　　　3.5.1　海报设计 ·· 64
　　　3.5.2　制作名片 ·· 67
　　　3.5.3　制作纪念徽章 ·· 68
习题 3 ··· 71

第 4 章　数字音频技术 ·· 74

4.1　数字音频概述 ··· 74
　　　4.1.1　数字音频 ·· 74
　　　4.1.2　音频数字化 ·· 74
4.2　音频压缩 ··· 76
　　　4.2.1　波形声音的主要参数 ·· 76
　　　4.2.2　全频带声音的压缩编码 ·· 76
　　　4.2.3　几种常用的音频压缩格式 ·· 77
　　　4.2.4　数字语音的压缩编码 ·· 78
4.3　声音波形的编辑 ··· 80
习题 4 ··· 80

第 5 章　数字音频编辑软件 Adobe Audition ······························· 81

5.1　Adobe Audition 软件简介 ·· 81
　　　5.1.1　Adobe Audition 的基本功能 ··· 81
　　　5.1.2　Adobe Audition 的界面 ··· 81
　　　5.1.3　Adobe Audition 的启动和退出 ······································· 83

	5.1.4	Adobe Audition 简单操作	83
5.2	录制音频文件		84
	5.2.1	在"编辑"视图模式下进行单轨录音	84
	5.2.2	在"多轨"视图模式下进行多轨录音	85
	5.2.3	循环录音	87
	5.2.4	穿插录音	87
5.3	编辑视图模式下音频文件的编辑		88
	5.3.1	基本操作	88
	5.3.2	视图模式下音频文件管理	90
	5.3.3	视图模式下音频文件的效果	90
5.4	多轨视图模式下音频文件的编辑		91
	5.4.1	轨道的添加、删除和移动操作	91
	5.4.2	将音频文件插入到多轨视图模式下的音轨中	92
	5.4.3	多轨视图模式下的混音处理	92
	5.4.4	多轨视图模式下为轨道添加音频效果	92
	5.4.5	Adobe Audition 应用	92
习题 5			93

第 6 章 计算机动画制作技术 95

6.1	计算机动画概述		95
	6.1.1	动画概念	95
	6.1.2	计算机动画的制作	101
6.2	常用动画软件		103
	6.2.1	二维动画软件	104
	6.2.2	三维动画制作软件	105
	6.2.3	计算机动画的常用格式	106
习题 6			106

第 7 章 动画编辑软件 Flash CS5 109

7.1	Flash CS5 简介		109
	7.1.1	Flash CS5 工作界面	109
	7.1.2	Flash CS5 时间轴、图层和帧	111
	7.1.3	Flash CS5 元件和实例	112
	7.1.4	Flash CS5 基本工作流程	113
7.2	绘制基本图形		117
	7.2.1	工具箱介绍	117
	7.2.2	基本绘图工具的应用	118
	7.2.3	辅助绘图工具的应用	121
	7.2.4	文字工具的应用	123
7.3	对象的编辑		125
	7.3.1	对象类型	125
	7.3.2	制作对象	126

7.4 Flash 动画制作 …………………………………………………………… 127
    7.4.1 创建逐帧动画 ……………………………………………………… 127
    7.4.2 创建补间动画 ……………………………………………………… 129
    7.4.3 创建引导层动画 …………………………………………………… 134
    7.4.4 遮罩层动画 ………………………………………………………… 135
    7.4.5 骨骼动画 …………………………………………………………… 136
7.5 声音的使用 ………………………………………………………………… 140
    7.5.1 导入声音 …………………………………………………………… 140
    7.5.2 使用声音 …………………………………………………………… 140
    7.5.3 编辑声音 …………………………………………………………… 140
7.6 动画的发布 ………………………………………………………………… 142
    7.6.1 发布的文件格式 …………………………………………………… 142
    7.6.2 发布动画 …………………………………………………………… 142
习题 7 …………………………………………………………………………… 143

第 8 章 视频处理技术 …………………………………………………………… 146

8.1 视频概述 …………………………………………………………………… 146
    8.1.1 视频 ………………………………………………………………… 146
    8.1.2 视频数字化 ………………………………………………………… 148
    8.1.3 常用视频格式 ……………………………………………………… 148
8.2 常用视频压缩标准 ………………………………………………………… 150
习题 8 …………………………………………………………………………… 151

第 9 章 视频编辑软件 VideoStudio ……………………………………………… 153

9.1 VideoStudio 简介 ………………………………………………………… 153
    9.1.1 基本功能 …………………………………………………………… 153
    9.1.2 工作界面 …………………………………………………………… 154
    9.1.3 简单使用 …………………………………………………………… 160
9.2 VideoStudio 的视频处理 ………………………………………………… 173
    9.2.1 视频分割 …………………………………………………………… 174
    9.2.2 视频特效 …………………………………………………………… 182
    9.2.3 视频转场 …………………………………………………………… 190
9.3 VideoStudio 的音频处理 ………………………………………………… 191
    9.3.1 音频导入 …………………………………………………………… 191
    9.3.2 音效处理 …………………………………………………………… 195
    9.3.3 音频混合 …………………………………………………………… 199
9.4 VideoStudio 的文字处理 ………………………………………………… 202
    9.4.1 添加文字 …………………………………………………………… 202
    9.4.2 文字效果 …………………………………………………………… 204
    9.4.3 文件字幕 …………………………………………………………… 206
习题 9 …………………………………………………………………………… 208

参考文献 …………………………………………………………………………… 210

第 1 章 多媒体技术概述

多媒体技术的出现和发展，极大地改变了信息处理的方式。信息传播和表达方式也从早期的单一、单向方式，逐步发展为将文字、图形图像、声音、动画和超文本等多种媒体进行综合、交互处理的多媒体方式，使得人和计算机之间的信息交流更为方便和自然。

1.1 媒体与多媒体

1.1.1 媒体

媒体是信息表示和传播的载体。媒体在计算机领域有两种含义：一种是指媒质，即存储信息的实体，如磁盘、光盘、磁带、半导体存储器等；另一种是指传递信息的载体，如数字、文字、声音、图形和图像等。

国际电话与电报咨询委员会（CCITT）将媒体分为如下 5 大类。

1. 感觉媒体

感觉媒体是指能直接作用于人的感官，使人直接产生感觉的媒体，如人类的语言、音乐、声音、画面、影像等。

2. 表示媒体

表示媒体是为加工、处理和传输感觉媒体而对感觉媒体进行的抽象表示，如语言编码、文本编码、图像编码等。表示媒体在计算机中最终表现为不同类型的文件。

3. 表现媒体

表现媒体是指用于感觉媒体和通信信号之间转换的一类媒体。表现媒体分为两种：一种是输入表现媒体，如键盘、摄像机、光笔、话筒等；另一种是输出表现媒体，如显示器、音箱、打印机等。

4. 存储媒体

存储媒体是指用来存放表示媒体的计算机外部存储设备，如光盘、各种存储卡等。

5. 传输媒体

传输媒体是通信中的信息载体，如双绞线、同轴电缆、光纤、微波、红外线等。

1.1.2 多媒体技术中的媒体类型

多媒体技术中所说的媒体主要有以下 5 种。

1. 文字

文字是早期计算机人机交互的主要形式，也是用得最多的一种符号媒体形式，在计算机中用二进制编码表示。相对于图像而言，文字媒体的数据量很小，它不像图像记录特定区域中的所有内容，只是按需要抽象出事物的本质特征加以表示。

2. 音频

音频都属于听觉媒体，如波形声音、语音和音乐等。波形声音包含了所有的声音形式，包括麦克风、磁带录音、无线电和电视广播、光盘等各种声源所产生的声音。人的声音不仅是一种波形，而且还有内在的语言、语音学内涵，可以利用特殊的方法进行抽取。音乐是符号化了的声音，这种符号就是乐曲。

3. 图形与图像

图形与图像是两个不同的概念。

（1）图形

图形也称矢量图（向量图），是指从点、线、面到三维空间的黑白或彩色几何图形。图形文件保存的是一组描述点、线、面等几何图形的大小、形状、位置、维数等属性的指令集合。以直线为例，在矢量图中，有一数据说明该元件为直线，另外有一些数据注明该直线的起始坐标及其方向、长度或终止坐标。所以，图形文件比图像文件的数据量小很多。

（2）图像

图像是对客观对象的一种相似性的、生动性的描述或写真，是人类社会活动中最常用的信息载体。广义上，图像就是所有具有视觉效果的画面，包括纸介质上的、底片或照片上的、电视、投影仪或计算机屏幕上的视觉画面。图像根据记录方式的不同可分为两大类：模拟图像和数字图像。模拟图像可以通过某种物理量（如光、电等）的强弱变化来记录亮度信息，如模拟电视图像；数字图像则用计算机存储的数据来记录图像上各点的颜色和亮度信息。

4. 动画

利用人眼的视觉暂留特性，每隔一段时间在屏幕上展现一幅有上下关联的图像、图形，就形成了动态图像，动态图像中的每幅画面称为一帧。如果连续图像序列中的每一帧画面是由人工或计算机生成的图形，则称其为动画；如果每帧画面是由计算机产生的具有真实感的图像，则称其为三维真实感动画。

5. 视频

视频一词来源于电视技术，与电视视频不同的是，计算机视频是数字信号。计算机视频图像可来自录像带、摄像机等视频信号源。由于视频信号源的输出一般是标准的彩色电视信号，所以在将其输入计算机之前，先要进行数字化处理。

1.1.3 多媒体

媒体是人与人之间实现信息交流的中介。多媒体是指组合两种或两种以上媒体的一种信息交流和传播媒体。组合的媒体包括文字、图片、照片、声音（包含音乐、语音旁白、特殊音效）、动画和影片等。但多媒体不是多个单一媒体的简单集合，而是有机集成。

1. 多媒体数据的特点

多媒体是两个或两个以上媒体的组合信息载体，因此多媒体数据具有以下特点。

① 数据量大

一幅分辨率为 2560×1920 的 24 位真彩色照片，不进行压缩，存储量约为 14MB，经过压缩后，存储量约为 2MB。CD 音质的一首 5 分钟的歌曲，存储量约为 25MB，经过压缩后，存储量约为 4MB。

② 数据类型多

多媒体数据包括文字、图形、图像、声音、视频、动画等多种形式，数据类型丰富多彩。

③ 数据类型间差距大

多媒体数据内容、格式的不同，其在处理方法、组织方式、管理形式上存在很大的差别。

④ 多媒体数据的输入和输出复杂

由于信息输入与输出都与多种设备相连，输出结果（如声音播放与画面显示的配合等）往往需要同步合成，较为复杂。

2. 多媒体技术

多媒体不仅是多种媒体的有机集成，而且包含处理和应用它的一整套技术，即多媒体技术。多媒体技术包含了计算机领域内较新的硬件技术和软件技术，并将不同性质的设备和媒体处理软件集成为一体，以计算机为中心综合处理各种信息。所用技术主要包括数字信号处理技术、音频和视频压缩技术、计算机硬件和软件技术、人工智能和模式识别技术、网络通信技术等。通过多媒体技术能够将文本、图形、图像和声音等媒体形式集成起来，使人们能以更加自然的方式与计算机进行交流。

（1）多媒体技术的主要特征

多媒体技术具有 4 个显著的特征。

① 集成性

集成性包括两个方面。一方面是媒体信息的集成，即文字、声音、图形、图像、视频等的集成。多媒体信息的集成处理把信息视为一个有机的整体，采用多种途径获取信息，以统一的格式存储、组织与合成信息，对信息进行集成化处理。另一方面是显示或表现媒体设备的集成，即多媒体系统不仅包括计算机本身，而且包括像电视、音响、摄像机、DVD 播放机等设备，把不同功能、不同种类的设备集成在一起，使其共同完成信息处理工作。

② 实时性

实时性是指在多媒体系统中，声音及活动的视频图像是实时的，多媒体系统需具有对这些与时间密切相关的媒体进行实时处理的能力。

③ 数字化

数字化是指多媒体系统中的各种媒体信息都以数字形式存储在计算机中。

④ 交互性

用户可以通过多媒体计算机系统对多媒体信息进行加工、处理，控制多媒体信息的输入、输出和播放。交互对象是多样化的信息，如文字、图像、动画及语言等。

（2）多媒体技术的研究内容

多媒体技术涵盖感觉媒体的表示技术、数据压缩技术、多媒体数据存储技术、多媒体数据传输技术、多媒体计算机及外围设备、多媒体系统软件平台等。尽管多媒体技术涉及的范围很广，但研究的主要内容可归纳如下。

① 多媒体数据压缩与解压缩

在多媒体计算机系统中，声音、图像等信息占用了大量的存储空间，为了解决存储和传输问题，高效的压缩和解压缩算法是多媒体系统运行的关键。

② 多媒体数据存储

高效快速的存储设备是多媒体系统的基本部件之一，光盘系统是目前较好的多媒体数据存储设备。目前流行的"U 盘"和移动硬盘，主要用于多媒体数据文件的转移存储。

③ 多媒体计算机硬件平台和软件平台

多媒体计算机系统硬件平台一般包括较大的内存和外存（硬盘），并配有光驱、声卡、视频卡、音像输入/输出设备等。软件平台主要是指支持多媒体功能的操作系统。

④ 多媒体开发和编著工具

为了便于用户开发多媒体应用系统，在多媒体操作系统上需要提供相应的多媒体开发工具（有些是对图形、视频、声音等文件进行转换和编辑的工具）。另外，为了方便多媒体节目的开发，多媒体计算机系统还需要提供一些直观、可视化的交互式编辑工具，如动画制作类软件 Flash、Director 和 3d Max 等，多媒体节目编辑类工具 Authorware、ToolBook 等。

⑤ 网络多媒体与 Web 技术

网络多媒体是多媒体技术的一个重要分支，多媒体信息要在网络上存储与传输，需要一些特殊的条件和支持。此外，超文本和超媒体采用非线性的网状结构组织块状信息，实现了多媒体信息的有效管理。

⑥ 多媒体数据库技术

与传统的数据库相比，多媒体数据库包含有多种数据类型，数据关系更为复杂，需要一种更为有效的管理系统来对多媒体数据库进行管理，这就是多媒体数据库技术需要解决的问题。

1.1.4 多媒体技术的应用

多媒体技术的应用越来越广泛。一方面，多媒体技术的标准化、集成化及多媒体软件技术的发展，使信息的接收、处理和传输更加方便快捷。另一方面，多媒体应用系统可以处理的信息种类和数量越来越多，极大地缩短了人与人之间、人与计算机之间的距离。多媒体技术的应用领域主要可以归结为如下 5 个方面。

1. 教育培训领域

教育培训领域是目前多媒体技术应用最为广泛的领域之一，主要包括计算机辅助教学、光盘制作、多媒体演示系统等。其中，多媒体辅助教学已经在教育教学中得到了广泛应用，多媒体教材通过图、文、声、像的有机组合，能多角度、多侧面地展示教学内容。多媒体教学网络系统突破了传统的教学模式，使学生在学习时间、学习地点上有了更多自由选择的空间。

2. 电子出版领域

电子出版物可以将文字、声音、图像、动画、影像等种类繁多的信息集成为一体，具有纸质印刷品所不能比拟的高存储密度。同时，电子出版物中信息的录入、编辑、制作和复制都借助计算机完成，使用方式灵活、方便、交互性强。电子出版物的出版形式主要有电子网络出版和电子书刊两大类。电子网络出版是以数据库和计算机网络为基础的一种出版形式，通过计算机向用户提供网络联机、电子报刊、电子邮件及影视作品等服务，具有信息传播速度快、更新快的特点；电子书刊主要以只读光盘、交互式光盘等为载体，具有容量大、成本低的特点。

3. 娱乐领域

随着多媒体技术的日益成熟，多媒体系统已大量进入娱乐领域。网络游戏不仅具有很强的交互性，而且人物造型逼真、情节引人入胜，使人容易进入游戏情景，如同身临其境一般。

4. 咨询服务领域

多媒体技术在咨询服务领域的应用，主要是使用触摸屏查询相应的多媒体信息，查询系统信息存储量较大，使用非常方便。查询信息的内容可以是文字、图形、图像、声音和视频等，如宾馆饭店查询、展览信息查询、图书情报查询、导购信息查询等。

5. 多媒体网络通信领域

多媒体网络实现图像、语音、动画和视频等多媒体信息的实时传输，其应用系统主要包括可视电话、多媒体会议系统、视频点播系统、远程教育系统、远程医疗诊断、IP 电话等。

1.2　多媒体计算机的组成

多媒体计算机系统改善了人机交互的接口，使计算机具有多媒体信息处理能力。从目前多媒体系统的开发和应用趋势来看，多媒体系统大致可以分为两大类：一类是具有编辑和播放双重功能的开发系统，这种系统适合于专业人员制作多媒体软件产品；另一类则是面向普通用户的多媒体应用系统。

多媒体系统一般由多媒体硬件系统、多媒体操作系统、多媒体创作工具和多媒体应用系统 4 部分组成。

1.2.1　多媒体硬件系统

多媒体硬件系统主要包括计算机传统硬件设备、光盘存储器、音频输入/输出和处理设备、视频输入/输出和处理设备。

图 1.1 描述了一个典型的多媒体计算机硬件配置。其中：显示器要求是分辨率在 1024×768 以上的彩显；要有一台 DVD 刻录机；声音录制及播放选用 64 位三维立体声声卡，其录入音质可达到制作多媒体软件的基本要求；声卡的输出端，接上立体声音箱；还要配备视频卡及摄像机、录像机等设备。

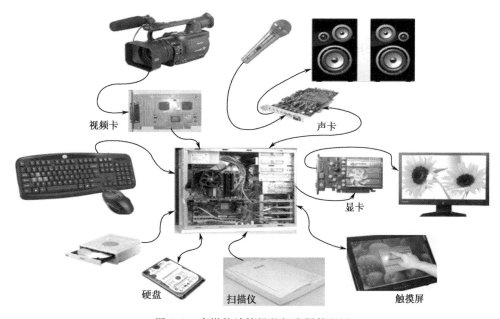

图 1.1　多媒体计算机的标准硬件配置

1. 新一代的处理器

高性能的 CPU 芯片会使多媒体数据的处理更为顺畅，为专业级水平的多媒体制作与播放提供基础。

2. 光盘存储器

多媒体信息的数据量庞大，仅靠硬盘存储空间是远远不够的。多媒体信息内容大多来自于 CD-ROM、DVD-ROM，因此大容量光盘存储器是多媒体系统的必备标准部件之一。

3. 音频信号处理子系统

音频信号处理子系统包括声卡、麦克风、音箱、耳机等。其中，声卡是最为关键的设备，它含有可将模拟声音信号与数字声音信号互相转换的器件，具有声音的采样、编码、合成、重放等功能。

4. 视频信号处理子系统

视频信号处理子系统具有影像的采集、压缩、编码、转换、显示、播放等功能。常见的设备有图形加速卡、视频卡等。视频卡通过插入主板扩展槽与主机相连，通过卡上的输入/输出接口与录像机、摄像机、影碟机和电视机等连接，使之能采集来自这些设备的模拟信号，并以数字化的形式在计算机中进行处理。通常，在视频卡中已固化了用于视频信号采集的压缩/解压缩程序。

5. 其他交互设备

其他交互设备包括鼠标、游戏操作杆、手写笔、触摸屏等。这些设备有助于用户和多媒体系统交互信息，控制多媒体系统的执行。

1.2.2 多媒体软件系统

多媒体软件系统大致可分为3个层次。

1. 多媒体操作系统

由于多媒体系统中处理的音频信号和视频信号都是实时信号，这就要求操作系统一方面具有实时处理能力，另一方面具备多任务功能，同时提供多媒体软件的执行环境及编程工具等。Windows Vista、Windows 7是目前被广泛应用的多媒体操作系统。

2. 多媒体工具软件

多媒体软件大大简化了多媒体作品的开发与制作过程。借助于这些软件，制作者可以简单直观地编制程序、调度各种媒体信息、设计用户界面等，从而摆脱烦琐的底层设计工作，将注意力集中于多媒体作品的创意和设计。到目前为止，几乎没有一种软件能够独立完成多媒体作品制作的全过程。在多媒体作品开发的不同阶段用到的多媒体软件有所不同。从多媒体作品的开发过程来看，多媒体工具软件可分为素材制作软件、多媒体数据库软件、多媒体创作工具软件和多媒体播放软件等几类。

（1）素材制作软件

多媒体素材包括文字、图像、图形、动画、声音、影像等。根据素材种类的不同，素材制作软件可分为文字编辑软件、图像处理软件、动画制作软件、音频处理软件和视频处理软件等。由于各素材制作软件自身的局限性，在制作和处理一些复杂的素材时，往往需要使用多种软件协调完成。

（2）多媒体数据库软件

多媒体数据库是数据库技术与多媒体技术结合的产物，是为了实现多媒体数据的存取、检索和管理而出现的一种新型数据库技术。多媒体数据库用于存放文本、声音、静止图像、视频与动画等多种不同媒体及其整合的数据，这些数据是非格式化的、不规则的、没有统一的取值范围，没有相同的数据量级，也没有相似的属性集。

（3）多媒体创作工具软件

在创作多媒体作品的过程中，通常是先利用素材制作软件对各种媒体进行加工和制作，然后再使用专门的软件工具把制作好的多媒体素材按照创意与设计要求有机地整合在一起，生成图、文、声、形并茂的多媒体作品。这些专门的软件工具称为多媒体应用设计软件，又称多媒体创作工具、多媒体编著工具或多媒体集成工具。

按多媒体作品的创作方式，多媒体应用设计软件可分为以下4类。
- 基于页面的应用设计软件，以 PowerPoint 为代表。
- 基于流程图的应用设计软件，以 Authorware 为代表。
- 基于脚本的应用设计软件，以 Director 为代表。
- 基于可视化编程环境的应用设计软件，以 Visual Basic 为代表。

（4）多媒体播放软件

不同格式的多媒体文件要求系统中安装有对应的播放软件，这些软件大致可分为两类：可独立运行的多媒体播放软件及依赖于浏览器的多媒体应用插件。

多媒体播放软件通常与多媒体文件一一对应。为了能够播放多种格式的多媒体文件，用户必须安装不同的播放软件，常用的多媒体播放器有 Windows Media Player、RealPlayer 和 QuickTime 等。

Internet 上的信息量大且格式复杂，要让浏览器识别每一种格式的多媒体文件非常困难，而插件作为一种嵌入浏览器内部的小程序，能扩充浏览器的功能，识别不同格式的文件。常用的插件可免费下载，通常情况下，这些插件安装程序除了安装供浏览器使用的应用插件之外，往往还同时安装可独立运行的播放软件。

3. 多媒体应用软件

多媒体应用软件是开发人员利用多媒体创作工具或计算机语言制作的多媒体产品，直接面向用户。目前，多媒体应用系统所涉及的应用领域主要有网站建设、环境艺术、文化教育、电子出版、音像制作、影视制作、咨询服务、信息系统、通信和娱乐等。

1.3 多媒体系统的主要技术

多媒体技术是多学科交汇的技术，向着高分辨率化、高速化、高维化、智能化、标准化的方向发展。

1.3.1 多媒体数据压缩技术

1. 数据压缩的重要性

数字化后的多媒体信息数据量巨大，例如，未经压缩的 1024×768 的真彩色视频图像每秒数据量约 54MB。为了存储和传输多媒体数据，需要较大的容量和带宽。但目前硬件技术所能提供的计算机存储资源和网络带宽与实际要求相差甚远。因此，以压缩的方式存储和传输数字化的多媒体信息是解决该问题的唯一途径。

2. 压缩方法的基本分类

压缩的前提是数据中存在大量的冗余信息。数字化多媒体数据的信息量与数据量的关系可表示为：信息量＝数据量－冗余量，其中信息量是要传输的主要数据，冗余量是无用的数据,没有必要传输。常见的数据冗余有空间冗余、时间冗余、视觉冗余等。

压缩方法一般分为两类:一类是冗余压缩法,也称为无损压缩;另一类是熵压缩法,也称为有损压缩法。有损压缩会减少信息量,损失的信息不会再恢复。

(1) 无损压缩

无损压缩也称无失真压缩,压缩前和解压缩后的数据完全一样。无损压缩一般利用数据的统计特性来进行数据压缩,对数据流中出现的各种数据进行概率统计,对出现概率大的数据采用短编码,对出现概率小的数据采用较长编码,这样就使得数据流经过压缩后形成的总代码流位数大大减少。它的特点是能百分之百地恢复原始数据,但压缩比较小,如常用的哈夫曼编码就是无损压缩。

(2) 有损压缩

有损压缩也称有失真压缩,在压缩过程中会丢失一些人眼和人耳不敏感的图像或音频信息。虽然丢失的信息不可恢复,但人的视觉和听觉主观评价是可以接受的。有损压缩的压缩比高到百倍,几乎所有高压缩的算法都采用有损压缩。常用的有损压缩编码技术有预测编码、变换编码等。

1.3.2 多媒体数据的采集与存储

1. 常用存储卡

存储卡也称为"闪存",是一种新型的 EEPROM(电可擦可编程只读存储器)。一般来说,除标准规格的 CF 卡、SM 卡和 MMC 卡外,还有各家厂商自定标准的闪存,如索尼(SONY)公司的记忆棒、松下公司的 SD 卡等。

(1) CF 卡

CF 的全称是 Compact Flash,由美国 SanDisk 公司于 1994 年推出,体积为 43mm×36mm×3.3mm,重量约为 15g。由于推出时间早,所以发展上较为成熟。采用 ATA 协议的 CF 卡的接口为 50 针,优点是存储容量高、坚固小巧、数据传输快。图 1.2 所示为金士顿 8GB CF 卡。

CF 卡分 TYPE I 型与 TYPE II 型两种规格。TYPE I 型卡的体积为 43mm×36mm×3.3mm,TYPE II 型卡和

图 1.2 金士顿 8GB CF 卡

TYPE I 型卡一样,使用 50 针接口,只是厚度增加了 2~3mm。CF 卡上内置了 ATA/IDE 控制器,具备即插即用功能,所以兼容性很好。很多数码相机生产厂家都采用 CF 卡作为存储介质,而且广泛应用于掌上电脑、电视机顶盒甚至多媒体手机中。

(2) SM 卡

SM 的全称是 SmartMedia,由东芝公司于 1995 年推出,体积为 45mm×37mm×0.76mm,仅重 1.8g。SM 卡采用 22 针接口,由于控制格式不统一,会出现格式互不兼容的现象,有时还会出现不同厂商的数码相机或 MP3 上使用的 SM 卡相互不能直接使用,或者新的大容量 SM 卡不能被旧的 SM 读取设备所读取等现象。

SM 卡没有内置控制电路,所以成本比 CF 卡要低一些。另一方面,SM 卡采用单芯片存储方式,因此其最大容量受到了限制。图 1.3 所示为富士通 128MB SM 卡。

(3) MS 卡

MS 的全称是 Memory Stick,由 SONY 公司于 1997 年推出。图 1.4 所示为索尼 4GB MS 卡。

图 1.3　富士通 128MB SM 卡　　　　图 1.4　索尼 4GB MS 卡

SONY 公司的 MS 卡因外形尺寸的不同，又分为 3 种规格，即 Memory Stick、Memory Stick PRO 和 Memory Stick DUO。MS 卡目前广泛应用于索尼数码相机和基于 Palm OS 的新掌上电脑等索尼专属数码设备中。

（4）MMC 卡

MMC 的全称是 MultiMedia Card，是一种小巧且大容量的快闪存储卡，由西门子公司和 SanDisk 于 1997 年推出。它的外形尺寸约为 32mm×24mm×1.4mm，重量在 2g 以下，7 针引脚，体积甚至比 SM 卡还要小，可反复读/写记录 30 万次，驱动电压在 2.7～3.6V，广泛用于移动电话、数码相机、数码摄像机、MP3 等数码产品上。图 1.5 所示是金士顿 2GB MMC 卡。

（5）SD 卡

SD 的全称是 Secure Digital，意为"安全数码"，由松下、东芝和 SanDisk 公司于 1999 年联合推出。由于 SD 卡的数据传送和物理规范皆由 MMC 卡发展而来，因此大小和 MMC 卡差不多，约为 32mm×24mm×2.1mm，只是比 MMC 卡厚了 0.7mm，重约 1.6g。MMC 卡可以被更新的 SD 设备存取，但 SD 卡却不可以被 MMC 设备存取。从外观上的区别来看，SD 卡的接口除了保留 MMC 卡的 7 针外，还在两边多加了 2 针作为数据线，并且带有物理写保护开关。图 1.6 所示是创见的 32GB SD 卡。

图 1.5　金士顿 2GB MMC 卡　　　　图 1.6　创见 32GB SD 卡

2. 图像素材的采集与存储

（1）图像素材的采集

对于图像素材的采集，常用的方法有 3 种。

① 通过扫描仪扫描

扫描仪主要用于将已有的相片或图案扫描到计算机中。扫描时，需要将有图案的一面扣放在扫描仪上，启动相应的扫描软件进行扫描。Windows 下"附件"中的"画图"程序或者其他专业的图像处理软件，如 Photoshop 等，都支持通过扫描仪扫描图片。安装不同的扫描仪可能弹出的界面不同，但是设置的项目基本都一样，要根据扫描的情况正确设置扫描分辨率、扫描的种类、扫描的颜色数和扫描的范围，还要调节扫描的亮度和对比度等，设置好后，可以先进行"预扫"以预览效果，然后再进行正式扫描。扫描完成后保存所扫描的结果，就完成了以扫描方式进行素材的采集。

② 通过数码相机拍摄

用数码相机拍摄感兴趣的画面，拍摄完成后，画面以图像文件形式存储在相机的存储卡中。然后，通过 USB 接口连接数码相机和计算机，启动随数码相机配送的图像获取和编辑软件，就可以轻松地把数码相机中的图像文件下载到本地计算机中。

③ 通过相关软件创建

用户可以通过相关软件自己绘制图像。简单的可以使用 Windows 下的"画图程序"，专业的可以使用 Photoshop 或 CorelDRAW，绘制完成后存储成特定格式的图像，就完成了素材的采集。

(2) 图像素材的存储

数字图像在计算机中以多种文件格式存放，下面简单介绍常用的图像存储格式。

① PSD 格式

PSD 格式是由 Adobe 公司专门开发的适用于 Photoshop、ImageReady 的图像格压缩式，其压缩比和 JPEG 差不多，并且压缩后不失真，不会影响到图像的质量。

② TIFF 格式

TIFF (Tagged Image File Format, 带标记的图像文件格式) 是 WWW 上最流行的一种图像文件格式。

③ JPEG 格式

JPEG 格式是使用最为广泛的图像格式之一，JPEG 使用有损压缩方案，也就是说，有些图像数据在压缩过程中丢失了。

④ BMP 格式

BMP 格式是 Windows 操作系统的固有格式，在 Windows 中系统所用的大部分图像都是以该格式保存的，如墙纸图像、屏幕保护图像等。

⑤ GIF 格式

GIF (Graphics Interchange Format, 图形交换格式) 是由 CompuServe 公司开发的图形文件格式，GIF 图像最多只支持 256 色。GIF 文件内部分成许多存储块，用来存储多幅图像或决定图像表现行为的控制块，用以实现动画和交互式应用。

3. 音频素材的采集与存储

(1) 音频素材的采集

对于音频素材的采集，常用的有 3 种方法。

① 通过声卡采集

音频素材最常见的采集方法就是利用声卡进行录音采集。如果使用麦克风录制语音，需要把麦克风和声卡连接，即将麦克风连线插头插入声卡的"MIC"插孔。如果要录制其他音源的声音，如磁带、广播等，则需要将其他音源的声音输出接口和声卡的"Line in"插孔连接。

② 通过软件采集

除了通过录制声音的方式采集音频素材外，还可以从 VCD 影碟或 CD 音乐碟中采集想要的音频素材。因为 CD 音乐碟中的音乐是以音轨的形式存放的，不能直接复制至计算机中形成文件，所以需要使用特殊的抓音轨软件来从 CD 音乐碟中获取音乐。同样，VCD 影碟中的声音和影像是同步播出的，声音也不易分离出来单独形成音频文件，也需要使用特殊的软件才能做到。国产多媒体播放软件"超级解霸"可以轻松做到从 CD 音乐碟和 VCD 影碟中获取音频素材。

③ 通过 MIDI 输入设备采集

可以通过 MIDI 输入设备弹奏音乐，然后让音序器软件自动记录，最后在计算机中形成音频文件，完成数字化的采集。

（2）音频素材的存储

数字音频在计算机中以多种文件格式存放，下面简单介绍常用的音频存储格式。

① WAV 格式

WAV 格式的文件又称波形文件，是对用不同采样频率对声音的模拟波形进行采样得到的一系列离散的采样点，以不同的量化位数（16 位、32 位或 64 位）量化这些采样点得到的二进制序列。WAV 格式的还原音质较好，但所需存储空间较大。

② MIDI 格式

MIDI（Musical Instrument Digital Interface，乐器数字接口）是由世界上主要电子乐器制造厂商建立的一个通信标准。MIDI 标准规定了电子乐器与计算机连接的电缆硬件以及电子乐器之间、乐器与计算机之间传送数据的通信协议等规范。MIDI 文件记录的是一系列指令而不是数字化后的波形数据，所以它占用的存储空间比 WAV 文件要小很多。

③ MP3 格式

MP3 是采用 MPEG Layer 3 标准对 WAVE 音频文件进行压缩而成的。其特点是能以较小的比特率、较大的压缩率达到近乎 CD 的音质，压缩率可达 1:12，网上很多音乐使用的就是这种格式。

④ WMA 格式

WMA（Windows Media Audio）支持流式播放，用它来制作接近 CD 音质的音频文件，其文件大小仅相当于 MP3 格式的 1/3。WMA 格式的版权保护能力极强，可以限定播放机器、播放时间及播放次数。

4. 视频素材的采集与存储

（1）视频素材的采集

对于视频素材的采集，常用的有 3 种方法。

① 从模拟设备中采集

如果从录像机、电视机等模拟视频设备中采集，就需要安装和使用视频采集卡，来完成模拟信号向数字信号的转换。把模拟视频设备的视频输出和声音输出分别连接到视频采集卡的视频输入和声音输入接口，启动相应的视频采集和编辑软件便可进行捕捉和采集。比较好的采集卡带有实时压缩功能，采集完成后也同时完成压缩。

② 从数字设备中采集

如果从数字摄像机等数字设备中采集视频素材，也可以仿照模拟设备采用视频采集卡来完成，但最好的方式是通过数字接口将数字设备与计算机连接，启动相应的软件采集压缩。

③ 从影碟中采集

对于 VCD 或 DVD 影碟中的影片，可以通过专用的视频编辑软件截取片断作为视频素材。

（2）视频素材的存储

数字视频在计算机中以多种文件格式存放，下面简单介绍常用的视频存储格式。

① MPEG 格式

MPEG（Motion Experts Group）是目前最常见的视频压缩方式，它采用中间帧压缩技术，可对包括声音在内的运动图像进行压缩。它包括 MPEG-1、MPEG-2 和 MPEG-4 等多种视频格式。MPEG-1 被广泛地应用在 VCD 制作和一些视频片段下载的网络应用上，可以说 99% 的 VCD 都是用 MPEG-1 格式压缩的；MPEG-2 应用在 DVD 的制作和一些 HDTV（高清晰度电视）的编辑、处理上；MPEG-4 是一种新的压缩算法，使用该算法的 ASF 格式可以把一部 120min 长的电影压缩成 300MB 左右的视频流，供观众在网上观看。

另外，除 *.MPEG 和 *.MPG 之外，部分采用 MPEG 格式压缩的视频文件以 .DAT 为扩展名，对于这些文件，应注意不要与同名的 .DAT 数据文件相混淆。

② AVI 格式

AVI 是对视频文件采用的一种有损压缩方式，该方式的压缩率较高，并可将音频和视频混合到一起使用。AVI 文件目前主要应用在多媒体光盘上，用来保存电影、电视等各种影像信息，Internet 上的一些供用户下载的影片片断有时也采用 AVI 格式。

③ MOV 格式

MOV 是苹果公司创立的一种视频格式，它是图像及视频处理软件 QuickTime 所支持的视频格式。

④ ASF 格式

ASF（Advanced Streaming Format）是微软公司推出的高级流媒体格式，也是一个在 Internet 上实时传播多媒体的技术标准，它的主要优点包括：本地或网络回放、可扩充的媒体类型、部件下载及扩展性等。由于它使用了 MPEG-4 压缩算法，所以压缩率和图像的质量都很不错。

⑤ RM 格式

RM 是 Real Networks 公司开发的一种新型流式视频文件格式，又称 Real Media，是目前 Internet 上最流行的跨平台的客户/服务器结构多媒体应用标准，其采用音频/视频流和同步回放技术实现了网上全带宽的多媒体回放。

⑥ WMV 格式

WMV 是一种独立于编码方式的在 Internet 上实时传播多媒体的技术标准，其主要优点包括：本地或网络回放、可扩充的媒体类型、部件下载、可伸缩的媒体类型、多语言支持、环境独立性、丰富的流间关系及扩展性等。

1.3.3 流媒体技术

"流媒体"一词是从英文 Streaming Media 翻译过来的，它是一种可以使音频、视频和其他多媒体信息能够在 Internet 及 Intranet 上以实时、无须下载等待的方式进行播放的技术。流式传播方式的核心是将动画、视频、音频等多媒体文件经过特殊的压缩方式分成多个压缩包，由视频服务器向用户计算机连续、实时地传递。

1. 流式传输的概念和分类

随着多媒体技术在互联网上的广泛应用，迫切要求解决视频、音频、计算机动画等媒体文件的实时传送。

(1) 流式传输

通俗地讲，流式传输就是互联网上的音、视频服务器将声音、图像或动画等媒体文件从服务器向客户端实时连续传输，用户不必等待全部媒体文件下载完毕，而只需延迟几秒或十几秒，就可以在用户的计算机上播放，而文件的其余部分则由用户计算机在后台继续接收，直至播放完毕或用户中止。这种技术使得用户在播放音、视频或动画等媒体的等待时间减少，而且不需要太多的缓存。

(2) 流式传输的分类

流式传输有两种：顺序流式传输和实时流式传输。

① 顺序流式传输

顺序流式传输是指顺序下载，在下载文件的同时用户可在线观看。在给定时刻，用户只能观看已下载的那部分，而不能跳到还未下载的部分。顺序流式传输不能在传输期间根据用户连接的速度进行传输调整。由于标准的 HTTP 服务器可发送这种形式的文件，也不需要其他特殊协议，因此它被称为 HTTP 流式传输。顺序流式传输比较适合高质量的短片段，如片头、片尾和广告。顺序流式传输不适合长片段和有随机访问要求的视频，如讲座、演说与演示等。另外，它也不支持现场广播。

② 实时流式传输

实时流式传输可保证媒体信号带宽与网络连接匹配，实现媒体实时观看。实时流式传输与 HTTP 流式传输不同，它需要专用的流媒体服务器，如 QuickTime Streaming Server、Real Server 与 Windows Media Server，这些服务器允许对媒体发送进行更多级别的控制，因而系统设置、管理比标准 HTTP 服务器更复杂。同时，实时流式传输还需要特殊网络协议，如 RTSP (Real Time Streaming Protocol) 或 MMS (Microsoft Media Server)。

实时流式传输特别适合现场事件，也支持随机访问，用户可快进或快退以观看前面或后面的内容。

2. 流媒体播放

为了让多媒体数据在网络中更好地传播，并且可以在客户端精确地回放，人们提出了很多新技术。

(1) 单播

单播是指在客户端与服务器之间建立一个单独的数据通道，从一台服务器送出的每个数据包只能传送给一台客户机。每个用户必须对媒体服务器发出单独的请求，媒体服务器也必须向每个用户发送巨大的多媒体数据包副本，还要保证双方的协调。单播方式下，服务器负担重，响应慢，难以保证服务质量。

(2) 点播与广播

点播连接是客户端与服务器之间的主动连接。此时用户通过选择内容项目来初始化客户端的连接。用户可以开始、停止、后退、快进或暂停多媒体数据流。

广播是指用户被动接收流。在广播过程中，客户端接收流，但不能像点播那样控制流。这时，任何数据包的一个单独副本将发送给网络上的所有用户，根本不管用户是否需要，这会造成网络带宽的巨大浪费。

(3) 多播

多播技术对应于组通信技术，这种技术构建一种具有多播能力的网络，允许路由器一次将数据包复制到多个通道上。这样,单台服务器就可以对很多台客户机同时发送连接数据流而无延时。媒体服务器只需要发送一个消息包,信息就可以发送到任意地址的客户机,减少了网络上传输的信息包的总量,因此网络利用效率大大提高,成本大大降低。总体来说,多播占用网络的带宽较小。

3. 流媒体常见的文件格式

无论是流式的还是非流式的多媒体文件格式,在传输与播放时都需要压缩,以期得到品质和数据量的基本平衡。流媒体文件适合在网络上边下载边观看。为此,必须向流媒体文件中加入一些其他的附加信息,例如版权、计时等。

表1.1列出了最常见的一些流媒体文件格式。

表 1.1 常见的流媒体文件格式

公　　司	文 件 格 式
微软	ASF（Advanced Stream Format）
微软	WMV（Windows Media Video）
微软	WMA（Windows Media Audio）
Real Networks	RM（Real Video）
Real Networks	RA（Real Audio）
Real Networks	RP（Real Pix）
Real Networks	RT（Real Text）
苹果	MOV（QuickTime Movie）
苹果	QT（QuickTime Movie）

1.3.4 虚拟现实技术

虚拟现实技术是伴随多媒体技术发展起来的计算机新技术,它利用三维图像生成技术、多传感交互技术及高分辨率显示技术,生成逼真的三维虚拟环境,用户需要通过特殊的交互设备才能进入虚拟环境中。虚拟现实技术融合了数字图像处理、计算机图形学、多媒体技术、传感器技术等多个信息技术分支,大大推进了计算机技术和多媒体技术的发展。

1. 主要特征

虚拟现实技术始于军事和航空/航天领域的需求,但近年来,虚拟现实技术已广泛地用于工业、建筑设计、教育培训、文化娱乐等方面。虚拟现实技术主要包含4个基本特征。

① 多感知性

多感知是指除了一般计算机技术所具有的视觉感知之外,还具有听觉感知、力觉感知、触觉感知、运动感知,甚至具有味觉感知、嗅觉感知等。理想的虚拟现实技术应该具有一切人所具有的感知功能。由于相关技术,特别是传感技术的限制,目前虚拟现实技术所具有的感知功能仅限于视觉、听觉、力觉、触觉、运动等。

② 浸没感

浸没感又称临场感或存在感,指用户感到作为主角存在于模拟环境中的真实程度。理想的模拟环境应该使用户难以分辨真假,而全身心地投入计算机创建的三维虚拟环境。该环境中的一切看上去是真的，听上去是真的，动起来是真的，甚至闻起来、尝起来等一切感觉都是真的，如同在现实世界中的感觉一样。

③ 交互性

交互性指用户对模拟环境内物体的可操作程度和从环境得到反馈的自然程度（包括实时性）。例如，用户可以用手去直接抓取模拟环境中虚拟的物体，这时手有握着东西的感觉，并可以感觉到物体的重量，视野中被抓的物体也能立刻随着手的移动而移动。

④ 构想性

构想性又称自主性，强调虚拟现实技术应具有广阔的可想象空间，可拓宽人类认知范围，不仅可以再现真实存在的环境，也可以随意构造客观不存在甚至不可能发生的环境。

2. 虚拟现实系统基本组成

一个完整的虚拟现实系统由以高性能计算机为核心的虚拟环境处理器，以头盔显示器为核心的视觉系统，以语音识别、声音合成与声音定位为核心的听觉系统，以方位跟踪器、数据手套和数据衣为主体的身体方位姿态跟踪设备，以及味觉、嗅觉、触觉与力觉反馈系统等功能单元构成。沉浸式虚拟现实系统是一种高级的、较理想的、较复杂的虚拟现实系统，其基本组成如图 1.7 所示。

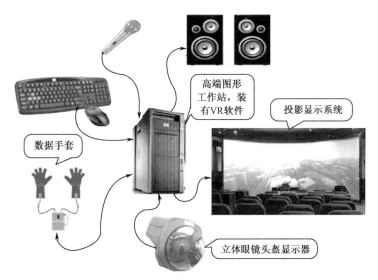

图 1.7 沉浸式虚拟现实系统的基本组成

它采用封闭的场景和音响系统将用户的视/听觉与外界隔离，使用户完全置身于计算机生成的环境中，用户通过利用空间位置跟踪器、数据手套和三维鼠标等输入设备输入相关数据和命令，计算机根据获取的数据测得用户的运动和姿态，并将其反馈到生成的视景中，使用户产生一种身临其境、完全投入和沉浸于其中的感觉。

3. 虚拟现实的关键技术

虚拟现实是多种技术的综合，其关键技术包括以下 4 个方面。

（1）动态环境建模技术

虚拟环境的建立是虚拟现实技术的核心内容。动态环境建模技术的目的是，获取实际环境的三维数据，并根据应用的需要，利用获取的三维数据建立相应的虚拟环境模型，以求有真实感。三维数据的获取可以采用 CAD 技术，而更多的环境则需要采用非接触式的视觉建模技术，两者的有机结合可以有效地提高数据获取的效率。

（2）实时三维图形系统和虚拟现实交互技术

实时三维图形系统可以生成具有三维全彩色、明暗、纹理和阴影等特征的逼真感图形。双向对话是虚拟现实的一种重要工作方式。

（3）传感器技术

虚拟现实的交互能力依赖于传感器技术的发展。而现有传感器的精度还远远不能满足系统的需要。例如，数据手套的专用传感器就存在工作频带窄、分辨率低、作用范围小、使用不便等缺陷，因而寻找和制作新型、高质量的传感器就变成了该领域的重要问题。

（4）开发工具和系统集成技术

虚拟现实应用的关键是如何发挥想象力和创造力，大幅度地提高生产效率，提高产品开发质量。为了达到这一目的，必须研究高效的虚拟现实开发工具。另外，由于虚拟现实中包括大量的感知信息和模型，因此系统的集成技术起着至关重要的作用。集成技术包括信息同步技术、模型标定技术、数据转换技术、数据管理模型、识别和合成技术等。

1.4 多媒体产品的开发

多媒体产品的开发是指由开发人员利用计算机语言或多媒体创作工具设计制作多媒体应用软件的过程。

1.4.1 多媒体产品的常见形式

多媒体产品广泛地应用于文化教育、广告宣传、电子出版、影视音像制作、通信和信息咨询服务等相关行业。多媒体产品的基本模式从创作形式上看，有7类常见形式。

1. 幻灯片形式

幻灯片形式是一种线性呈现形式。使用这种形式的工具假定展示过程可以分成一系列顺序呈现的分离屏幕，即"幻灯片"。典型的工具是 Microsoft 公司的 PowerPoint、Lotus 公司的 Freelance 等。这种方法是创作线性展示的最好方法。

2. 层次形式

层次形式假定目标程序可以按一个树形结构组织，最适合于菜单驱动的程序，如主菜单分为二级菜单序列等。设计为层次形式的集成工具，具有容易建立菜单并控制使用的特征，如方正奥恩、多媒体创作工具 Author Tool 都是以层次形式为主的多媒体创作工具，其他工具像 Visual Basic 和 ToolBook 等也都含有层次形式的成分。

3. 书页形式

书页形式假定目标程序就像组织一本"书"，按照称为"页"的分离屏幕来组织内容。在这一点上该形式类似于幻灯呈现模式。但是，在页之间通常还支持更多的交互，就像在一本真的书里能前后浏览一样。典型的工具代表是 Asymetrix 公司的 ToolBook。

4. 窗口形式

窗口形式假定目标程序按分离的屏幕对象组织为窗口的一个序列。每一个窗口中，制作也类似于幻灯呈现模式。这种形式的重要特征是同时可以有多个窗口呈现在屏幕上，同时都是活动的。这类工具能制作窗口、控制窗口及其内容。典型的工具代表是 Visual Basic。

5. 时基形式

时基形式假定目标程序主要是由动画、声音及视频组成的应用程序呈现过程，可以按时间轴的顺序来制作。整个程序中的事件按一个时间轴的顺序制作和放置，当用户没有交互控制时，按时间轴顺序完成默认的工作。典型的工具代表是 Director、Flash 和 Action。

6. 网络形式

网络形式假定目标程序是一个"从任何地方到其他任意地方"的自由形式结构。创作者需要根据需求建立程序结构，可以保证很好的灵活性。所以，网络形式是所有形式中最能适应建立一个包含有多种层次交互应用程序的工具。典型的工具代表是 Netware Technology Corporation 公司的 Media Script。

7. 图标形式

图标形式中，创作工作由制作多媒体对象和构建基于图标的流程图组成。媒体素材和程序控制用给出内容线索的图标表示，在制作过程中，整个工作就是构建和调试这张流程图。图标形式的主要特征是图标自身及流程图显示。典型的工具代表是 Macromedia 公司的 Authorware。

1.4.2　常见开发工具

目前，多媒体产品的开发工具有很多，即使在同一类中，不同工具所面向的应用也各不相同。从多媒体项目开发的角度来看，需要根据项目的特点，选择合适的多媒体创作工具。下面简单介绍目前常用的多媒体产品创作工具。

1. PowerPoint

PowerPoint 是一种用于制作演示文稿的多媒体幻灯片工具。它以页为单位来组织演示，由一个个页面（幻灯片）组成一个完整的演示。PowerPoint 可以非常方便地编辑文字、绘制图形、播放图像、播放声音、展示动画和视频影像，同时可以根据需要设计各种演示效果。制作的演示文稿需要在 PowerPoint 中或用 PowerPoint 播放器进行播放。PowerPoint 操作简单、使用方便，但是流程控制能力和交互能力不强，不适合开发商用多媒体产品。

2. Action

Action 是一种面向对象的多媒体创作工具，适合制作投影演示，也可用于制作简单交互的多媒体系统。Action 制作基于时间线，具有较强的时间控制能力，在组织链接媒体时不仅可以设置内容和顺序，还可以同步合成，如定义每个对象的起止时间、重叠区域、播放长度等。与 PowerPoint 相比，Action 的交互功能大大增强，因此可以利用它制作功能不太复杂的多媒体系统。

3. Authorware

Authorware 是一种基于流程图的可视化多媒体创作工具，具有交互功能强和支持流程图开发策略的特点。Authorware 通过各种代表功能或流程控制的图标建立流程图，每个图标都可以激活相应的属性对话框或界面编辑器，从而方便地加入各种媒体内容，整个设计过程具有整体性和结构化的特点。Authorware 已成为多媒体创作工具中的主流工具。

4. ToolBook

ToolBook 是一种面向对象的多媒体创作工具。使用 ToolBook 来开发多媒体系统时，就像在写一本"电子书"。首先需要定义一本书的框架，然后将页面加入书中，在页面上可以包含文字、图像、按钮等对象，最后使用 ToolBook 提供的脚本语言 OpenScript 来编写脚本，对系统的行为进行定义，最终形成一本"电子书"。ToolBook 可以很好地支持人机交互设计，同时由于使用脚本语言，在设计上具有很好的灵活性，可以用它制作多媒体读物或各种课件。

5. Director

Director 是一种以二维动画创作为核心的多媒体创作工具。Director 通过看得见的时间线来进行创作，有着非常好的二维动画创作环境。通过其脚本语言 Lingo 可以使开发的应用程序具有令人满意的交互能力。Director 非常适合于制作交互式多媒体演示产品和娱乐光盘。

6. Flash

Flash 最初只是一个单纯的矢量动画制作软件，但是随着软件版本的升级，特别是 Flash 内置 ActionScript 脚本语言之后，逐渐演变为功能强大的多媒体程序开发工具。通过 Flash 能开发桌面多媒体产品、网络多媒体程序及流媒体产品。

7. 方正奥思多媒体创作工具

方正奥思是北大方正公司研制的一种以页为创作单位的多媒体创作工具。它操作简便、直观，具有良好的文字、图形、图像编辑功能和灵活的多媒体同步控制，能以 HTML 网页格式或 exe 可执行文件格式发布产品。

1.4.3 基本开发流程

同任何其他事物一样，一个软件产品或软件系统也要经历孕育、产生、成长、成熟、衰亡等阶段，一般称为软件生存周期（软件生命周期），即从软件的产生直到软件消亡的周期。可以把整个软件生存周期划分为若干阶段，使得每个阶段具有明确的任务。通常，软件生存周期包括可行性分析、需求分析、系统设计（概要设计和详细设计）、编码、测试、维护等阶段，如图 1.8 所示。

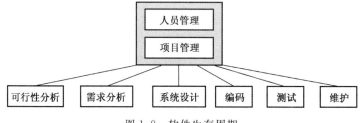

图 1.8　软件生存周期

（1）可行性分析

确定软件系统开发目标和总的要求，给出功能、性能、可靠性及接口等方面的可能方案，制订完成开发任务的实施计划。

（2）需求分析

对用户提出的需求进行分析并给出详细定义。编写软件规格说明书及初步的用户手册，提交评审。

（3）系统设计

系统设计人员和程序设计人员在反复理解软件需求的基础上给出软件结构、模块划分、功能分配及处理流程。在系统比较复杂时，设计阶段可分解成概要设计阶段（总体设计）和详细设计阶段，编写概要设计说明书、详细设计说明书和测试计划初稿，提交评审。

（4）软件实现

把软件设计转换为程序代码，即完成程序编码，编写用户手册、操作手册等面向用户的文档，编写单元测试计划。

（5）软件测试

在设计测试用例基础上，检验软件的各个组成部分，编写测试分析报告。

（6）运行和维护

交付软件，投入运行，并在运行中不断维护，根据新提出的需求进行必要的扩充和删改。

结合多媒体的特点，多媒体产品的开发流程可概括如下。

1. 需求分析

需求分析处于软件开发过程的初期，它对于整个软件开发过程及软件产品质量至关重要。在该阶段，开发人员要准确理解用户的要求，进行细致的调查分析，将用户非形式的需求陈述转化为完整的需求定义，再由需求定义转化为相应的形式功能规约（需求规格说明）。

随着软件系统复杂性的提高及规模的扩大，需求分析在软件开发中的地位愈加突出，也愈加困难。对于多媒体应用系统而言，需求分析阶段主要是确定项目的目标和规格，也就是说，要搞清楚产品做什么、为谁做、在什么平台上做。

2. 总体设计

在软件需求分析阶段，已经搞清楚了软件"做什么"的问题，并把这些需求通过规格说明书进行了详细描述，这也是目标系统的逻辑模型。系统分析员审查软件计划、软件需求分析提供的文档，提出候选的最佳推荐方案供专家审定，审定后进行总体设计。

总体设计的目的在于确定应用系统的结构。多媒体应用系统的特点之一是通过各种媒体形式来展现内容或传播知识，因此，在总体设计阶段，要明确产品所展现信息的层次即目录主题，得到各部分的逻辑关系，画出流程图，确定浏览顺序，还要进行各部分常用任务分析，得到任务分析列表。

3. 详细设计

总体设计完成后，还需要经过评审来判断设计部分是否完整地实现了需求中规定的功能、性能等要求。如果满足要求，则进入详细设计阶段。

详细设计也称过程设计或软件算法设计，该阶段不进行编码，是编码的先导，为以后编码做准备。在这一阶段，主要设计实现细节，包括两个方面的工作：脚本设计和界面设计。

（1）脚本设计

脚本就像电影剧本一样，是多媒体产品创作的一个基础，在脚本创作中，软件设计者融入新方法和新创意，在原型制作时都会得到验证。

（2）界面设计

界面设计的基本原则是整个产品的界面要简洁并且风格一致。在设计界面时，主要设计出界面的主要元素。界面设计要考虑的内容主要有帮助、导航和交互、主题样式、媒体控制界面等。

4. 素材的采集和整理

由于多媒体应用的特点，需要根据项目的前期目标进行多媒体素材的积累，包括文本、图形、图像、音频、视频。尽可能地收集质量高的素材或内容原件。为了达到内容完全支持产品的目标，需要分析对素材进行怎样的编辑和加工。

收集好素材并对素材所需要的加工进行了大致的分析后，就可以制作一个素材内容列表。在列表中列出媒体类型、尺寸、时间长度，以及所需的加工、大概成本等。如果开发的是商业产品，还需要注意素材的原创性，以避免多媒体产品的侵权问题。

5. 编码

在该阶段将选择合适的多媒体应用系统创作工具，将媒体素材、阐述内容、脚本等结合起来，对软件进行整合、实现。

6. 测试

编码完成后，需要进行必要的测试，验证是否达到了最初确定的目标，同时也要确保软件是正确的、可靠的。一般来说，测试主要分为两个层次：第一个层次是开发过程中的测试；第二个层次是第三方测试。测试与软件开发各阶段的关系如图 1.9 所示。

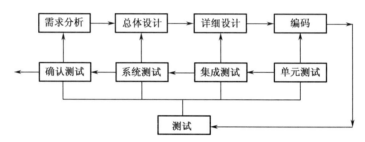

图 1.9 测试与软件开发各阶段的关系

（1）开发过程中的测试

开发过程中的测试是由软件产品开发方进行的测试，包括单元测试、集成测试、系统测试 3 个主要环节，其目的主要在于发现软件的缺陷并及时修改。

① 单元测试。针对编码过程中可能存在的各种错误，如用户输入验证过程中的边界值错误等，测试每一个模块。

② 集成测试。集成测试主要检查详细设计中可能存在的问题，尤其是检查各单元与其他程序之间的接口上可能存在的错误。

③ 系统测试。系统测试主要针对概要设计，检查系统作为一个整体是否能有效地运行，如在产品设置中是否达到了预期的高性能。系统测试是保证软件质量的最后阶段。

（2）第三方测试

经集成测试和系统测试后，已经按照设计要求把所有模块组装成一个完整的软件系统，接口错误也已经基本排除，接着就要进行第三方测试。第三方测试有别于开发人员或用户进行的测试，其目的是保证测试工作的客观性，主要包括确认测试和验收测试。

① 确认测试

确认测试又称有效性测试，是第三方测试机构根据软件开发商提供的用户手册，对软件进行的质量保证测试。确认测试的任务是验证软件的功能和性能及其他特性是否与用户的要求一致、是否符合国家相关标准法规、系统运行是否安全可靠等。

② 验收测试

验收测试是软件开发结束后，用户对软件产品投入实际应用以前进行的最后一次质量检验活动。它不只是检验软件某个方面的质量，还要进行全面的质量检验，并且要决定软件是否合格，因此验收测试是一项严格的正式测试活动，需要根据事先制订的计划，进行软件配置评审、功能测试、性能测试等多方面的检测。

7. 运行与维护

软件测试通过之后，可以交付使用，在使用过程中就需要进行软件维护。所谓软件维护，是指为了改正错误或满足用户新需求而修改软件的过程。要求进行维护的原因多种多样，归纳起来有3种情况：改正在特定使用条件下暴露出来的一些潜在程序错误或设计缺陷；因在软件使用过程中数据环境发生变化（如一个事务处理代码发生改变）或处理环境发生变化（如安装了新的硬件或操作系统），需要修改软件以适应这种变化；用户和数据处理人员在使用时常提出增加新的功能及改善总体性能的要求，为满足这些要求，就需要修改软件，以把这些要求纳入软件。

对应于这3类情况需要进行3种维护：纠错性维护、适应性维护和完善性维护。

（1）纠错性维护

软件交付使用后，由于前期的测试不可能发现软件系统中所有潜在的错误，必然会有一部分隐藏的错误被带到运行阶段中。这些隐藏下来的错误在某些特定的使用环境下就会暴露出来。为了识别和纠正软件错误、改正软件性能上的缺陷、排除实施中的误使用，应当进行诊断和改正错误的过程，这一过程就称为纠错性维护。

（2）适应性维护

随着计算机技术的飞速发展，外部环境（新的硬、软件配置）或数据环境（数据库、数据格式、数据输入/输出方式、数据存储介质）可能发生变化，操作系统和编译系统也不断升级，这种为了使软件能适应新的环境而引起的程序修改和扩充活动，就称为适应性维护。

（3）完善性维护

在软件的使用过程中，用户往往会对软件提出新的功能与性能要求。为了满足这些要求，需要修改或再开发软件，以扩充软件功能、增强软件性能、改进加工效率、提高软件的可维护性。这种情况下进行的维护活动就称为完善性维护。

实践经验表明，各类维护活动所占比例的大致情况为：纠错性维护占20％左右，完善性维护占50％左右，适应性维护占25％左右，其他维护活动占5％左右。根据这些统计数据可以看出，软件维护不仅是改错，大部分维护工作是围绕软件完善性维护展开的。

习题 1

一、填空题

1. ＿＿＿＿＿＿媒体是信息表示和传播的载体。
2. ＿＿＿＿＿＿是指从点、线、面到三维空间的黑白或彩色几何图形，也称向量图（矢量图）。
3. ＿＿＿＿＿＿是指组合两种或两种以上媒体的一种人机交互式信息交流和传播媒体。
4. ＿＿＿＿＿＿是一种基于计算机的综合技术，包括数字信号处理技术、音频和视频压缩技术、计算机硬件和软件技术、人工智能和模式识别技术、网络通信技术等。
5. 多媒体计算机系统，简称＿＿＿＿＿＿，是具有多媒体信息处理能力并配备有相关软、硬件的计算机系统。
6. 多媒体系统应由＿＿＿＿＿＿、多媒体操作系统、多媒体创作工具和多媒体应用系统4部分组成。
7. 从多媒体作品的开发过程来看，多媒体软件可以分为＿＿＿＿＿＿、多媒体数据库软件、多媒体创作工具软件和多媒体播放软件等几类。
8. 压缩方法一般分为两类：一类是无损压缩，另一类是＿＿＿＿＿＿。
9. ＿＿＿＿＿＿是伴随多媒体技术发展起来的计算机新技术，它利用三维图形生成技术、多传感交互技术及高分辨率显示技术，生成逼真的三维虚拟环境，用户需要通过特殊的交互设备才能进入虚拟环境中。

10. _____是一种可以使音频、视频和其他多媒体信息能够在 Internet 及 Intranet 上以实时的、无须下载等待的方式进行播放的技术。

二、选择题

1. 多媒体计算机中的媒体信息是指（　　）。
   ① 数字、文字　　　　② 声音、图形　　　　③ 动画、视频　　　　④ 图像
   A. ①　　　　　　　　B. ②　　　　　　　　C. ③　　　　　　　　D. 全部

2. 多媒体技术的主要特性有（　　）。
   ① 多样性　　　　　　② 集成性　　　　　　③ 交互性　　　　　　④ 可扩充性
   A. ①　　　　　　　　B. ①、②　　　　　　C. ①、②、③　　　　D. 全部

3. 在多媒体计算机中常用的图像输入设备是（　　）。
   ① 数码相机　　　　　② 彩色扫描仪　　　　③ 视频信号数字化仪　④ 彩色摄像机
   A. ①　　　　　　　　B. ①、②　　　　　　C. ①、②、③　　　　D. 全部

4. 下列配置中哪些是 MPC 必不可少的？（　　）
   ① CD-ROM 驱动器　　　　　　　　　　　② 高质量的音频卡
   ③ 高分辨率的图形、图像显示　　　　　　④ 高质量的视频采集卡
   A. ①　　　　　　　　B. ①、②　　　　　　C. ①、②、③　　　　D. 全部

5. 超文本是一个（　　）结构。
   A. 顺序的树形　　　　B. 非线性的网状　　　C. 线性的层次　　　　D. 随机的链式

6. 两分钟双声道、16 位采样位数、22.05kHz 采样频率声音的不压缩的数据量是（　　）。
   A. 10.09MB　　　　　B. 10.58MB　　　　　C. 10.35KB　　　　　D. 5.05MB

7. 在数字视频信息获取与处理过程中，下述顺序（　　）是正确的。
   A. A/D 变换、采样、压缩、存储、解压缩、D/A 变换
   B. 采样、压缩、A/D 变换、存储、解压缩、D/A 变换
   C. 采样、A/D 变换、压缩、存储、解压缩、D/A 变换
   D. 采样、D/A 变换、压缩、存储、解压缩、A/D 变换

8. 数字视频的重要性体现在（　　）。
   ① 可以用新的与众不同的方法对视频进行创造性编辑
   ② 可以不失真地进行无限次复制
   ③ 可以用计算机播放电影节目
   ④ 易于存储
   A. 仅①　　　　　　　B. ①、②　　　　　　C. ①、②、③　　　　D. 全部

9. 要使 CD-ROM 驱动器正常工作，必须有（　　）软件。
   ① 该驱动器装置的驱动程序　　　　　　　② Microsoft 的 CD-ROM 扩展软件
   ③ CD-ROM 测试软件　　　　　　　　　　④ CD-ROM 应用软件
   A. 仅①　　　　　　　B. ①、②　　　　　　C. ①、②、③　　　　D. 全部

10. 在某大型房产展销会上，人们可以通过计算机屏幕参观房屋的结构，且如同站在房屋内一样可根据需要对原有家具移动、旋转、重新摆放其位置。这利用了（　　）技术。
    A. 网络通信　　　　　B. 虚拟现实　　　　　C. 流媒体技术　　　　D. 智能化

11. （　　）使得多媒体信息可以一边接收、一边处理，很好地解决了多媒体信息在网络上的传输问题。
    A. 多媒体技术　　　　B. 流媒体技术　　　　C. ADSL 技术　　　　D. 智能化技术

三、简答题

1. 多媒体数据具有哪些特点?
2. 常见的媒体类型有哪些?各有什么特点?
3. 多媒体技术具有哪些特征?
4. 简述多媒体系统的基本组成。
5. 简述图像素材的常见采集方法。
6. 简述音频素材的常见采集方法。
7. 简述视频素材的常见采集方法。
8. 什么是虚拟现实?虚拟现实技术有哪些基本特征?
9. 什么是流媒体?它和传统媒体有什么不同?
10. 简单说明多媒体产品的基本开发流程。

第 2 章　图形图像处理

随着多媒体技术的发展，数字图像技术逐渐取代了传统的模拟图像技术，形成了独立的"数字图像处理技术"。同时，多媒体技术借助数字图像处理技术得到进一步发展，为数字图像处理技术的应用开拓了更为广阔的空间。

2.1　图形处理

2.1.1　图形

图形与位图（图像）从各自不同的角度来表现物体的特性。图形是对物体形象的几何抽象，反映了物体的几何特性，是客观物体的模型化；而位图则是对物体形象的影像描绘，反映了物体的光影与色彩特性，是客观物体的视觉再现。图形与位图可以相互转换。利用渲染技术可以把图形转换成位图，而边缘检测技术则可以从位图中提取几何数据，把位图转换成图形。

1. 矢量图

图形也称矢量图，是指由数学方法描述的、只记录图形生成算法和图形特征的数据文件。其格式是一组描述点、线、面等几何图形的大小、形状及其位置、维数的指令集合。例如，Line（x1，y1，x2，y2，color）表示以（x1，y1）为起点、以（x2，y2）为终点画一条 color 色的直线，绘图程序负责读取这些指令并将其转换为屏幕上的图形。若是封闭图形，还可用着色算法进行颜色填充。图 2.1 和图 2.2 所示就是两个矢量图的显示结果。

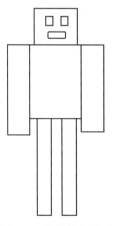
图 2.1　简单的矢量图

图 2.2　较为复杂的矢量图

2. 矢量图的特点

矢量图最大的特点是可以对图中的各个部分进行移动、旋转、缩放、扭曲等变换而不会失真。此外，不同的物体还可以在屏幕上重叠并保持各自的特征，必要时还可以分离。由于矢量图只保存了算法和特征，因此其占用的存储空间小。矢量图显示时需要重新计算，所以显示速度取决于算法的复杂程度。

3. 矢量图和位图的区别

矢量图和位图相比，它们之间的区别主要表现在以下 4 个方面。

（1）存储容量不同

矢量图只保存了算法和特征，数据量少，存储空间也较小；而位图由大量像素点信息组成，容量取决于颜色种类、亮度变化及图像的尺寸等，数据量大，存储空间也较大，经常需要进行压缩存储。

（2）处理方式不同

矢量图一般是通过画图的方法得到的，其处理侧重于绘制和创建；而位图一般是通过数码相机实拍或对照片通过扫描得到的，处理侧重于获取和复制。

（3）显示速度不同

矢量图显示时需要重新运算和变换，速度较慢；而位图显示时只是将图像对应的像素点影射到屏幕上，显示速度较快。

（4）控制方式不同

矢量图的放大只是改变计算的数据，可任意放大而不会失真，显示及打印时质量较好；而位图的尺寸取决于像素的个数，放大时需进行插值，数次放大便会明显失真。

2.1.2 常见的图形处理软件

下面介绍 4 种常见的图形处理软件。

1. CorelDRAW

CorelDRAW 是由加拿大 Corel 公司研制的一种矢量图形制作工具软件，它广泛地应用于商标设计、标志制作、模型绘制、插图描画、排版及分色输出等领域。目前，几乎所有商用设计和美术设计的 PC 上都安装了 CorelDRAW。

CorelDRAW 界面设计友好，提供了一整套绘图工具，包括圆形、矩形、多边形、方格、螺旋线，配合塑形工具，能对各种基本图形做出更多的变化。同时还提供了特殊笔刷，如压力笔、书写笔、喷洒器等。CorelDRAW 还提供了一整套图形精确定位和变形控制方案，可以方便地实现商标、标志等的准确尺寸设计。同时，实色填充提供的多种模式调色方案及专色的应用、渐变、颜色匹配管理方案，实现了显示、打印和印刷的颜色一致。

2. Illustrator

Illustrator 是由 Adobe 公司研制的一种工业标准矢量插画制作工具软件，广泛应用于印刷出版、专业插画、多媒体图像处理和互联网页面的制作等，适合生产任何小型设计到大型的复杂项目。

Illustrator 提供丰富的像素描绘功能及顺畅灵活的矢量图编辑功能，诸如三维原型、多边形和样条曲线等，能够快速创建并设计工作流程。Illustrator 的最大特征在于贝塞尔曲线的使用，它使得操作简单、功能强大的矢量绘图成为可能，同时集成文字处理、上色等功能，在插图制作和印刷品（如广告传单，小册子）设计制作方面广泛使用，事实上已经成为桌面出版业界的默认标准。

3. Freehand

Freehand 是由 Adobe 公司研制的一种功能强大的平面矢量图形设计软件，广泛应用于制作广告创意、书籍海报、机械制图、建筑蓝图等领域。

Freehand 提供可编辑的向量动态的透明功能,放大滤镜效果可填入 Freehand 文件中的任何部分且可有不同的放大比率,设计者可以使用镜头效果将整个设计区域变亮或变暗,或是利用反转以产生负片效果。在 Freehand 提供的集合样式面板中,可预设填色、笔刷、拼贴及渐层效果。同时提供包括字型预视、显示及隐藏、文字样式、大小写转换等功能。另外,使用自由造型工具可对一些基本图形采用拖拉、推挤等方式来产生需要的形态。Freehand 还能轻易地在程序中转换格式,可输入/输出适用于 Photoshop、Illustrator、CorelDRAW、Flash、Director 等使用的文件格式。

4. AutoCAD

AutoCAD 是由 Autodesk 公司研制的一种大型计算机辅助绘图软件,主要用来绘制工程图样。强有力的二维和三维设计与绘图功能使其广泛应用于机械、电子、服装、建筑等设计领域。

AutoCAD 具有良好的用户界面,通过交互菜单或命令行方式便可以进行各种操作,它的多文档设计环境,让非计算机专业人员也能很快地学会使用。AutoCAD 具有广泛的适应性,它可以在各种操作系统支持的微型计算机和工作站上运行,并支持分辨率从 320×200 到 2048×1024 的 40 多种图形显示设备。

2.2 图像处理

2.2.1 色彩概述

1. 色彩

色彩是人眼认识客观世界时获得的一种感觉。在人眼视网膜上,锥状光敏细胞可以感觉到光的强度和颜色,杆状光敏细胞能够更灵敏地感觉到光的强弱,但不能感觉光的颜色。这两种光敏细胞将感受到的光波刺激传递给大脑后,人就感知到了颜色。

太阳是标准的发光体,它辐射的电磁波包括紫外线、可见光、红外线及无线电波等,如图 2.3 所示。可见光的波长范围是 350～750nm,不同波长的光呈现不同的颜色。随着波长的减少,可见光颜色依次为红、橙、黄、绿、青、蓝、紫。只有单一波长的光称为单色光,含有两种以上波长的光称为复合光。人眼感受到复合光的颜色是组成该复合光的单色光所对应颜色的混合色。

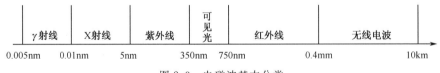

图 2.3 电磁波基本分类

2. 色彩三要素

色彩具有 3 个基本要素,即亮度、色调和饱和度。

(1) 亮度

亮度也称明度,是指光作用于人眼时所感受到的明亮强度。亮度与物体呈现的色彩和物体反射光的强度有关。若有两个相同颜色的色块分别置于强白光与弱白光的照射下,虽然这两个色块反射的光波波长一样，但进入人眼的光波能量不同。在强白光照射下色块反射的光波能量大，人眼感觉到颜色较浅；在弱白光照射下色块反射的光波能量较小，人眼感觉到颜色较深。在不同的亮度环境下，人眼对相同亮度引起的主观感觉也不同。一般用对比度来衡量画面的相对亮度，即最大亮度与最小亮度之比。

（2）色调

色调也称色相，是指人眼对各种不同波长的光所产生的色彩感觉。某一物体的色调，是该物体在日光照射下所反射的各光谱成分作用于人眼的综合效果。对于透射光则是透过该物体的光谱成分综合作用的效果。通过对不同光波波长的感受可区分不同的颜色。因此色调是光呈现的颜色，其随波长变化而变化，反映了颜色的种类或属性，并决定了颜色的基本特征。

人的视觉所见各部分色彩如果有某种共同的因素，就构成了统一的色调。若一幅画面没有统一的色调，则色彩将会杂乱无章，进而难于表现画面的主题和情调。一般将各种色彩和不同分量的白色混合统称为明调，和不同分量的黑色混合统称为暗调。

（3）饱和度

饱和度是指色彩的纯净程度，它反映了颜色的深浅，一般是通过一个色调与其他色调相比较的相对强度来表示的。以太阳光带为准，越接近标准色纯度越高。饱和度实际上是某一种标准色调彩色光中掺入了白色、黑色或其他颜色的程度。对于同一色调的彩色光，饱和度越大，则颜色越鲜艳，掺入白色、黑色或其他颜色越少；反之，则颜色越暗淡，掺入白色、黑色或其他颜色越多。

通常将色调和饱和度统称为色度。色度和亮度都是人眼对客观存在颜色主观感受的结果。亮度表示颜色的明亮程度，而色度则表示颜色的类别和深浅程度。

3. 成色原理

成色有两种基本原理：颜色相加原理和颜色相减原理。

（1）颜色相加原理

如果在没有光线的黑暗环境中使用发光体（如灯泡、显示器等），可使人眼感受到发光体上发出的光波颜色。该颜色不是物体反射环境光源中的光波，而是物体自身发出的具有某些波长的光波。发光体本身并不发出由全部可见光波波长构成的白光，而发出部分波长的光。这些波长的光混合在一起，给人眼带来的刺激便形成了人对物体发光颜色的感觉，这个物理过程称为颜色的相加。

（2）颜色相减原理

如果以太阳光作为标准的白光，它照射在具有某种颜色的物体上，一部分波长的光被吸收，另一部分波长的光被反射。不同物体表面对白光的不同波长光波具有不同的吸收和反射作用，被反射的光波进入人眼而感受到物体的颜色。因此，物体的颜色是物体表面吸收和反射不同波长太阳光的结果，体现了物体的固有特性。其基本原理就是从混合光（白光）中去掉某些波长的光波，剩下波长的光波对人眼进行刺激形成颜色感觉，这个物理过程称为颜色的相减。

2.2.2 颜色模式

颜色模式是一个非常重要的概念。只有了解了不同颜色模式才能精确地描述、修改和处理色调。计算机中提供了一组描述自然界光和其色调的模式，在某种模式下，将颜色按某种特定的方式表示、存储。每种颜色模式都针对特定的目的，如为了方便打印，会采用 CMYK 模式；为了给黑白相片上色，可以先将扫描成的灰度模式的图像转换到彩色模式等。下面介绍 4 种常见的颜色模式。

1. RGB 模式

RGB 颜色模式采用颜色相加原理成色，是目前运用最广泛的颜色模式之一，它能适应多种输出的需要，并能较完整地还原图像的颜色信息。现在大多数的显示屏、RGB 打印机、多种写真输出设备都采用 RGB 颜色模式实现图像输出。

RGB 颜色模式的颜色混合原理如图 2.4 所示，由于红（Red）、绿（Green）、蓝（Blue）3 种颜色的光不能由其他任何色光混合而成，因此称 R、G、B 为色光三原色。在 RGB 颜色模式中，自然界中的任何颜色的光均由三原色混合而来，某种颜色的含量越多，那么这种颜色的亮度也越高，由其产生的结果中该颜色也就越亮。

在 RGB 颜色模式下，每幅图像的像素都有 R、G、B 三个分量，并且每个分量值都可以有 256 级（0～255）亮度变化。这样 3 种颜色通道合在一起就可以产生 $256 \times 256 \times 256 = 2^{24} = 16777216$ 种颜色，理论上可以还原自然界中存在的任何颜色。

2. CMYK 模式

CMYK 颜色模式中的 4 个字母分别指青（Cyan）、洋红（Magenta）、黄（Yellow）和黑（Black），在印刷中代表 4 种颜色的油墨。CMYK 模式能完全模拟出印刷油墨的混合颜色，目前主要应用于印刷技术中。

CMYK 模式基于颜色相减原理成色。CMYK 颜色模式的颜色混合原理如图 2.5 所示，在 CMYK 模式中，随着 C、M、Y、K 四种成分的增多，反射到人眼的光会越来越少，光线的亮度会越来越低。

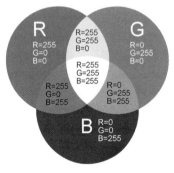
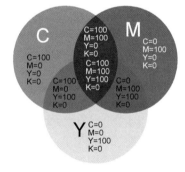

图 2.4　RGB 颜色模式的颜色混合原理　　　　图 2.5　CMYK 颜色模式的颜色混合原理

CMYK 模式所产生的颜色没有 RGB 模式丰富，所以当 RGB 模式的图像转换为 CMYK 模式后，图像的颜色信息会有明显的损失，特别是在一些较明亮的地方。CMYK 模式的图像转换为 RGB 模式时，在视觉上不会产生变化，但 CMYK 模式在颜色的混合中比 RGB 模式多了一个黑色通道，所以产生的颜色的纵深感比 RGB 模式更加稳定（由于没有黑色通道，RGB 图像有"漂浮"的感觉）。

3. Lab 模式

Lab 模式是由国际照明委员会（CIE）于 1976 年公布的一种颜色模式。Lab 模式弥补了 RGB 和 CMYK 两种颜色模式的不足：RGB 在蓝色与绿色之间的过渡色太多，而在绿色与红色之间的过渡色又太少，CMYK 模式在编辑处理图片的过程中损失的颜色则更多。

Lab 颜色空间如图 2.6 所示，在 Lab 模式中，包含 L、a、b 三个通道。L 是亮度通道，另外两个是颜色通道，用 a 和 b 来表示。a 通道包括的颜色是从绿色（低亮度值）到灰色（中亮度值）再到红色（高亮度值）。b 通道包括的颜色是从蓝色（低亮度值）到灰色（中亮度值）再到黄色（高亮度值）。a 的取值范围为 -128~127，正值为红色，负值为绿色，数值越大，颜色越红，反之，数值越小，该颜色越偏绿色；b 的取值范围为 -128~127，正值表示黄色，负值表示蓝色，其值越大，颜色越黄，反之，数值越小，该颜色越偏蓝。L 的取值范围是 0（黑）~100（白）。

Lab 模式与 RGB 模式相似，基于颜色相加原理成色。颜色的混合将产生更亮的颜色，亮度通道的值影响颜色的明暗变化。同 RGB 模式、CMYK 模式相比，Lab 模式的色域最大，其次是 RGB 模式，色域最小的是 CMYK 模式。这就是为什么当颜色在一种媒介上被指定，而通过另一种媒介表现出来往往存在差异的原因。

4. HSB 模式

HSB 颜色模式是根据日常生活中人眼的视觉特征而制定的一套颜色模式，最接近于人类对颜色辨认的思考方式。在 HSB 颜色模式中，以色相（H）、饱和度（S）和明度（B）描述颜色的基本特征。HSB 色相空间如图 2.7 所示，在 HSB 模式中，S 和 B 的取值都是百分比，唯有 H 的取值单位是度。

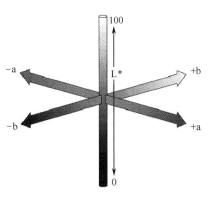
图 2.6　Lab 颜色空间

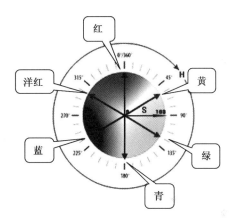
图 2.7　HSB 色相空间

（1）色相 H

在 HSB 颜色模式中，所有的实际颜色都是由红（R）、黄（Y）、绿（G）、青（C）、蓝（B）、洋红（M）六种基色按照不同的亮度和饱和度组合而成的，该模式用一个标准色轮中沿圆周的不同度数表示不同的颜色属性，称为色相。也就是说，相位的实质就是 0°~360° 之间的某一度数，同时每个相位都表示某种颜色的一定属性，如红（0°）、黄（60°）、绿（120°）、青（180°）、蓝（240°）、洋红（300°）。

（2）饱和度 S

饱和度是指颜色的强度或纯度，是指某种颜色的含量多少，具体表现为颜色的浓淡程度。用色相中灰色成分所占的比例来表示，0% 为纯灰色，100% 为完全饱和。在标准色轮上，饱和度是沿半径方向中心位置到边缘位置递增的。

饱和度实际上反映出了色光中彩色成分与消色成分（中性色，如黑、白、灰）的比例关系。中性色越多，饱和度越低。特别要注意的是，当颜色由于加入白色或黑色而降低饱和度时，还会伴随着明度的变化。例如与"鲜红"相比，"粉红"与"暗红"不仅饱和度较低，而且明度也不同。

(3) 明度 B

明度是人对色彩明暗程度的心理感觉，它与亮度有关，但不成比例。明度还与色相有关，对于不同色相的物体，即使亮度相同，明度也不同，黄色、黄绿色最亮，蓝紫色最暗。

2.2.3 图像数字化

真实世界是模拟的，模拟图像含有无穷多的信息。理论上，可以对模拟图像进行无穷放大而不会失真，但计算机不能直接处理模拟图像，必须对其进行数字化。

1. 数字图像

模拟图像只有在空间上数字化后才是数字图像，它的特点是空间离散，如分辨率为 1000×1000 的图像，包含 100 万个像素点。数字图像所包含的信息量有限，对其进行的放大次数有限，否则会出现失真。图 2.8 和图 2.9 展示了两种不同类型的数字图像。

图 2.8 自然风景图像　　　　图 2.9 通过软件设计的图像

数字图像和模拟图像相比，主要有 3 个方面的优点。

(1) 再现性好

不会因存储、输出、复制等过程而产生图像质量的退化。

(2) 精度高

精度一般用分辨率来表示。从原理上来讲，可实现任意高的精度。

(3) 灵活性大

模拟的图像只能实现线性运算，而数字处理还可以实现非线性运算。凡可用数学公式或逻辑表达式来表达的一切运算都可以实现。

2. 图像的数字化

图像的数字化包括采样、量化和编码 3 个步骤，如图 2.10 所示。

图 2.10 图像的数字化过程

(1) 采样

采样就是计算机按照一定的规律,对模拟图像所呈现出的表象特性,用数据的方式记录其特征点。这个过程的核心在于要决定在一定的面积内取多少个点(即有多少个像素),即图像的分辨率(单位是 dpi)是多少。

(2) 量化

通过采样获取了大量特征点后,就需要得到每个特征点的二进制数据,这个过程称为量化。颜色精度是量化过程中一个很重要的概念,是指图像中的每个像素的颜色(或亮度)信息所占的二进制数位数,它决定了构成图像的每个像素可能出现的最大颜色数。颜色精度值越高,显示的图像色彩越丰富。

(3) 编码

编码是指在满足一定质量(信噪比的要求或主观评价要求)的条件下,以较少的位数表示图像。显然,无论是从平面的取点还是从记录数据的精度来讲,采样形成的数字图像与模拟图像之间存在着一定的差距。但这个差距通常控制得相当小,以至于人的肉眼难以分辨,所以可以将数字化图像等同于模拟图像。

3. 基本图像设备介绍

(1) 数码相机

数码相机的核心部件是电荷耦合器件(CCD)图像传感器,它由一种高感光度的半导体材料制成,能把光线转变为电荷,通过模/数转换器芯片转换成数字信号,数字信号经过压缩后由相机内部的闪速存储器或内置硬盘卡保存,因而可以方便地把数据传输给计算机,并借助于计算机的处理手段,根据需要和想象来修改图像。

选购数码相机时,要考虑以下性能参数。

① CCD 和像素

数码相机利用 CCD 电荷耦合器来感光。像素即 CCD 上的感光元件,像素的多少直接关系着照片的清晰度,像素越多则图像越清晰。基本上数码相机的像素直接决定相机的最大分辨率,目前流行的数码相机的分辨率都在 1600 万像素以上。除像素外,CCD 的另一个参数是量化位数,36 位的数码相机比 24 位的数码相机在色彩效果和低亮度环境下拍摄的效果有明显提高。

② 存储器

数码相机与普通相机的区别在于,其摄入的图片直接存储在相机存储器中。数码相机所能拍摄的照片数不仅取决于所用的存储体的容量,还取决于拍摄照片的分辨率及压缩率。

③ 对焦和变焦

对焦是指将透过镜头折射后的影像准确投射到 CCD 感光面上,形成清晰的影像。普通的中低档数码相机采用自动对焦方式,自动调准焦距。高档的专业相机则保留手动调焦模式,不过对于拍摄非专业的照片自动调焦已经足够了。

变焦有光学变焦和数字变焦两种。所谓光学变焦,就是利用调节相机镜头的光学系统来改变镜头的焦距,焦距越长,被射物体在 CCD 上的投影就越大。数码相机用放大倍数来表示焦距,如 2×、2.3×、3× 等;数字变焦是利用相机自身的程序,将照片数据通过插值方式放大,因此不能通过数字变焦的方法提高照片的清晰度。

(2) 扫描仪

扫描仪是除键盘和鼠标之外被广泛应用的于计算机输入设备。在扫描仪获取图像的过程中,有两个元件会起到关键作用,一个是 CCD(将光信号转换成为电信号),另一个是 A/D 变换器(将模拟电信号变为数字电信号)。这两个元件的性能直接影响扫描仪的整体性能指标,同时也关系到选购和使用扫描仪时如何正确理解和处理某些参数及设置。

另外,和扫描仪紧密联系的还有 OCR(Optical Character Recognition,光学字符识别),它的功能是通过扫描仪等光学输入设备读取印刷品上的文字与图像信息,利用识别算法,分析文字的形态特征,将其转换为电子文档。使用扫描仪加 OCR 软件可以部分地代替键盘输入汉字的功能,是省力快捷的文字输入方法。常见的 OCR 软件有清华紫光、尚书、蒙恬等。

选购扫描仪时,要考虑以下性能参数。

① 扫描仪的分辨率

光学分辨率是扫描仪最重要的性能指标之一,它直接决定了扫描仪扫描图像的清晰程度。扫描仪的分辨率通常用每英寸长度上的点数即 dpi 来表示。目前市面上的扫描仪,主要有 300dpi×600dpi、600dpi×1200dpi、1000dpi×1200dpi、1200dpi×2400dpi 几种不同的光学分辨率。一般的家庭或办公用户建议选择 600dpi×1200dpi(水平分辨率×垂直分辨率)的扫描仪。专业级扫描仪的分辨率在 1200dpi×2400dpi 以上,适用于广告设计行业。

② 色彩位数和灰度值

色彩位数反映扫描仪对扫描的图像色彩范围的辨析能力。通常扫描仪的色彩位数越多,就越能真实反映原始图像的色彩,扫描仪所反映的色彩就越丰富,扫描的图像效果也越真实,当然随之造成的图像文件尺寸也会增大。常见的扫描仪色彩位数有 24 位、30 位、36 位、42 位、48 位等。灰度值是指进行灰度扫描时对图像由纯黑到纯白整个色彩区域进行划分的级数,编辑图像时一般都使用 8 位,即 256 级,而主流扫描仪通常为 10 位,最高可达 12 位。

③ 感光元件

感光元件是扫描仪中的关键部件,是扫描图像的拾取设备。目前扫描仪所使用的感光器件有 3 种:光电倍增管、电荷耦合器(CCD)和接触式感光器件(CIS 或 LIDE)。目前使用 CCD 的扫描仪仍属多数。

④ 扫描仪幅面

常见的扫描仪幅面有 A4、A4 加长、A3、A1、A0。大幅面的扫描仪价位较高,一般的家庭及办公用户选择 A4 或 A4 加长的扫描仪就可以满足需求。

2.2.4 常见的图像处理软件

图像处理软件是用于处理图像信息的各种应用软件的总称。下面介绍两种常见的图像处理软件。

1. Photoshop

Photoshop(简称 PS)是 Adobe 公司开发的图像处理软件。Photoshop 的专长在于图像处理(对已有的图像进行编辑加工处理及运用一些特殊效果),而不是图形创作。从功能上看，Photoshop 具有图像编辑、图像合成、校色/调色及特效制作等功能。

图像编辑是图像处理的基础，可以对图像进行放大、缩小、旋转、倾斜、镜像、透视等变换，也可进行复制、去除斑点、修补、修饰图像的残损等。图像合成则是将几幅图像通过图层操作，合成为完整的、意义明确的图像。校色/调色可方便快捷地对图像的颜色进行明暗、色偏的调整和校正，也可在不同颜色之间进行切换以满足图像在不同领域如网页设计、印刷、多媒体等方面的应用。特效制作主要由滤镜、通道及工具综合应用完成，包括图像的特效创意和特效字的制作，如油画、浮雕、石膏画、素描等常用的传统美术技巧，都可由软件特效完成。

2. ACDSee

ACDSee 作为最常见的看图软件，广泛应用于图片的获取、管理、浏览、优化。使用 ACDSee 可以从数码相机和扫描仪中高效获取图片，并进行便捷的查找、组织和预览。ACDSee 还能处理如 MPEG 之类的常用视频文件。此外，ACDSee 拥有去除红眼、剪切、锐化、浮雕特效、曝光调整、旋转、镜像等功能，还能进行批量处理。

习题 2

一、填空题

1. 模拟图像数字化要经过采样、量化和_____三个过程。
2. 模拟信号在时间上是连续的，而数字信号在时间上是_____的，为了使计算机能够处理声音信息，需要把模拟信号转化成_____信号。
3. 计算机屏幕上显示的画面和文字，通常有两种描述方式：一种是由线条和颜色块组成的，称为_____；另一种是由像素组成的，称为位图。
4. CorelDRAW 是由加拿大的 Corel 公司研制的一种应用_____制作工具软件。
5. 色彩具有 3 个基本要素，包括亮度、色调和_____。
6. 成色有两种基本原理：颜色相加原理和_____。
7. 在_____颜色模式中，认为自然界中的任何颜色的光均由三原色混合而来。
8. CMYK 模式基于_____成色。
9. 在 Lab 模式中，包含 3 个通道，一个是_____，另外两个是色彩通道。
10. OCR 软件的功能是将图像文字转换为_____。
11. Photoshop 主要处理以像素所构成的_____。

二、选择题

1. 对位图和矢量图描述不正确的是（　　）。
   A. 我们通常称位图为图像，矢量图为图形
   B. 一般说位图存储容量较大，矢量图存储容量较小
   C. 位图的缩放效果没有矢量图的缩放效果好
   D. 位图和矢量图存储方法是一样的
2. 以下关于图形图像的说法中，正确的是（　　）。
   A. 位图的分辨率是不固定的
   B. 位图是以指令的形式来描述图像的
   C. 矢量图放大后不会产生失真
   D. 矢量图中保存有每个像素的颜色值
3. 下列哪些说法是正确的？（　　）
   ① 图像都是由像素组成的，通常称为位图或点阵图
   ② 图形是用计算机绘制的画面，也称矢量图
   ③ 图像的最大优点是容易进行移动、缩放、旋转和扭曲等变换

④ 图形文件是以指令集合的形式来描述的，数据量较小

A. ①、②、③ B. ①、②、④ C. ①、② D. ③、④

4. 有一种图，清晰度与分辨率无关，任意缩放都不会影响清晰度，该图是（　　）。

A. 点阵图 B. 位图 C. 真彩图 D. 矢量图

5. 下列文件格式存储的图像，在缩放过程中不易失真的是（　　）。

A. bmp 文件 B. psd 文件 C. jpg 文件 D. cdr 文件

6. 一幅图像的分辨率为 256×512，计算机的屏幕分辨率是 1024×768，该图像按 100% 显示时，占据屏幕的（　　）。

A. 1/2 B. 1/6 C. 1/3 D. 1/10

7. 色彩的种类即（　　），如红色、绿色、黄色等。

A. 饱和度 B. 色相 C. 明度 D. 对比度

8. 计算机显示器通常采用的颜色模式是（　　）。

A. RGB B. CMYK C. Lab D. HSB

9. 下列关于数码相机的叙述中，正确的是（　　）。

① 数码相机的关键部件是 CCD

② 数码相机有内部存储介质

③ 数码相机拍照的图像可以通过串行口、SCSI 或 USB 接口送到计算机

④ 数码相机输出的是数字或模拟数据

A. ① B. ①、② C. ①、②、③ D. 全部

10. 老照片扫描到计算机里，需要对其进行旋转、裁切、色彩调校、滤镜调整等加工，比较合适的软件是（　　）。

A. 画图 B. Flash C. Photoshop D. 超级解霸

11. 将一幅 BMP 格式的图像转换成 JPG 格式之后，会使（　　）。

A. 图像更清晰 B. 文件容量变大 C. 文件容量变小 D. 文件容量大小不变

12. 使用图像处理软件可以对图像进行（　　）。

① 放大、缩小 ② 上色 ③ 裁剪 ④ 扭曲、变形 ⑤ 叠加 ⑥ 分离

A. ①、③、④ B. ①、②、③、④

C. ①、②、③、④、⑤ D. 全部

13. 素材采集时，要获得图形图像，下面（　　）获得的图片是位图。

A. 使用数码相机拍得的照片 B. 用绘图软件绘制的图形

C. 使用扫描仪扫描杂志上的照片 D. 剪贴画

三、简答题

1. 简述 RGB、CMYK、HSB 和 Lab 颜色模式的特点与主要用途。
2. 图形和图像有何区别？
3. 数码相机的主要性能参数有哪些？
4. 扫描仪的主要性能参数有哪些？
5. 常见的图形处理软件有哪些？各有什么基本功能？
6. 常见的图像处理软件有哪些？各有什么基本功能？

第 3 章 图形编辑软件 CorelDRAW

CorelDRAW 是由 Corel 公司出品的矢量图形制作软件，其不但具有强大的平面设计功能，而且还具有 3D 效果，同时提供矢量动画、位图编辑和网页动画等多种功能。

3.1 CorelDRAW 基本操作

3.1.1 功能简介

1. CorelDRAW 的产生与发展

第一版 CorelDRAW 于 1989 年面世，之后又相继推出了 CorelDRAW 2，3，…，12，2006 年推出的 CorelDRAW X3 拥有超过 40 个新属性和增强特性，并兼容其低版本文件。目前，CorelDRAW 的最新版本是 CorelDRAW Graphics Suite X5。

本章以 CorelDRAW X3 为例来说明 CorelDRAW 的基本用法。

2. CorelDRAW 的基本功能

CorelDRAW 是著名的矢量图编辑软件，其作用主要表现在 4 个方面。

(1) 图文混排，制作报版、宣传单、宣传画册、广告等。

(2) 绘画，绘制图标、商标及各种复杂的图形。

(3) 印前制作，易于进行分色，制成印刷用胶片。

(4) 制作需要的各种平面作品，包括网页。

3. CorelDRAW X3 的新特性

相较于以前的版本，CorelDRAW X3 在与用户交互方面变得更加方便灵活，新增功能使操作更为高效。

(1) 文本处理方面

① 增强的文本适合路径功能，使得文本精确适合路径变得更为容易。

② 新的文本增强和特性。用户更容易选择、编辑和格式化文本。

(2) 图像处理方面

① 新增图像跟踪功能。用户能快速方便地将位图转换为可编辑的矢量图。

② 新的图像调节功能。通过提供手动和自动控制普通颜色及纠正色调，使原有的色彩平衡和对比变得非常简单。

③ 增强的抠图功能。更容易定义抠出区域，更简单、精确地抠出图像。

④ 新的斜角效果。可以快速地访问斜角样式并进行斜角效果控制。

(3) 工具方面

① 增强的交互式轮廓工具。用户能快速和方便地最优化目标的轮廓曲线，能够动态地减少轮廓图形的节点。

② 新的智能填充工具。可以将填充应用到任何封闭目标之上。

③ 新的裁切工具。使用户能快速地移除目标和导入图形中不想要的区域,节省工作时间。

(4) 其他方面

① 新的套印预览模式。套印预览模式模拟目标叠加被设置成套印,可使用户更方便地进行输出设计。

② 新的密码保护 PDF 文件支持。用户可以设置安全选项去保护 PDF 文件,控制 PDF 能被访问、编辑、复制的权力;另外,PDF 功能还包括完全的透明和专色支持。

3.1.2 工作界面

CorelDRAW 启动成功后的界面如图 3.1 所示,所有的绘图工作都是在该界面下完成的,熟悉操作界面是学习 CorelDRAW 各项设计的基础。

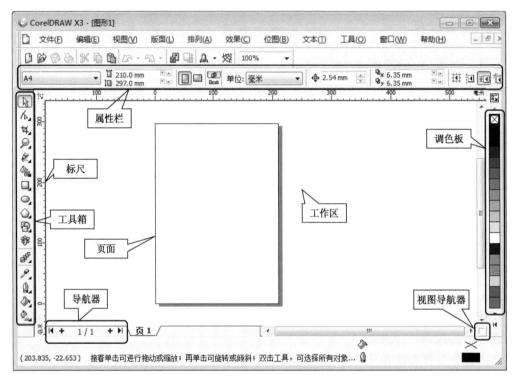

图 3.1 CorelDRAW 的工作界面

CorelDRAW 的工作界面主要包括 8 个区域。

1. 菜单栏

CorelDRAW 的主要功能都可以通过执行菜单栏中的命令选项来完成,菜单栏中包括"文件"、"编辑"、"查看"、"版面"、"排列"、"效果"、"位图"、"文本"、"工具"、"窗口"和"帮助"11 个功能各异的菜单。

2. 工具箱

系统默认时,工具箱位于工作区的左边。在工具箱中放置了经常使用的编辑工具,并将功能近似的工具归类组合在一起,使用工具箱进行图形绘制与编辑工作最直接、最有效的方法。

注意:工具箱中凡在工具图标中标有小黑三角标记的都有隐藏工具。如果想使用其中的隐藏工具时,可用鼠标单击此工具并按住不放,待出现隐藏工具后松开鼠标,然后在所需的工具上单击即可选取所需的工具。

3. 属性栏

属性栏提供在操作中选择对象和使用工具时的相关属性,通过设置属性栏中的相关属性,可以控制对象产生相应的变化。未选中任何对象时,属性栏中提供文档的一些版面布局信息。当选用了某一工具后,属性栏中将会出现与之对应的工具属性,可在此属性栏中进行准确的调整。

4. 绘图页面

绘图页面是位于CorelDRAW窗口中间的矩形区域,在绘图页面中可绘制图形、编辑文本、编辑图形,绘图页面之外的对象不会被打印。

5. 工作区

工作区又称"桌面",是指绘图页面以外的区域。在绘图过程中,用户可以将绘图页面中的对象拖到工作区临时存放。

6. 调色板

系统默认时,调色板位于工作区的右边,利用调色板可以快速地选择轮廓色和填充色。使用时,先选取对象,再单击调色板中所需的颜色,就可对图形进行快速填充。

7. 导航器

导航器适用于进行多文档操作,在导航器中间显示的是文件当前活动页面的页码和总页码,可以通过单击页面标签或箭头来选择需要的页面。

8. 视图导航器

视图导航器适合对放大对象进行编辑,单击工作区右下角的视图导航器图标启动该功能,可以在弹出的小窗口中随意移动鼠标,以显示文档的不同区域。

3.1.3 文件的基本操作

在设计作品的过程中,需要进行创建新文件、打开已有文件、保存文件等操作。

1. 新建或打开文件

新建或打开文件有3种基本方法。

(1) 在欢迎界面出现时新建或打开文件

启动CorelDRAW后,屏幕上会出现欢迎界面,如图3.2所示。

- 新建文件:单击"新建"图标,即可创建一个图形文件。
- 打开文件:单击"打开"图标,弹出"打开绘图"对话框,可以从中选择需要打开的图形文件。

(2) 在工作界面中新建或打开文件

- 新建文件:选择菜单"文件"→"新建"(Ctrl+N),可新建文件。
- 打开文件:选择菜单"文件"→"打开"(Ctrl+O),可打开文件。

(3) 通过工具栏中的"新建"按钮和"打开"按钮来新建和打开文件。

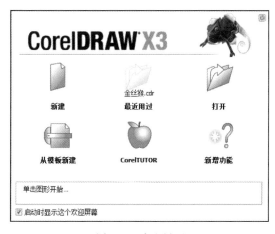

图3.2 欢迎界面

2. 导入文件

CorelDRAW 是矢量图形绘制软件，使用的是 CDR 格式的文件，所以其他格式的素材需要通过导入才能使用。

基本方法：选择菜单"文件"→"导入"（Ctrl+I）即可。在导入文件时，有两种基本方式。

（1）导入时"裁剪"位图

在绘制图形的过程中，常常需要导入位图素材图片。而大多数时候，只需要素材图片中的某一部分，如果将整个素材图片导入，会浪费计算机的内存空间，影响导入的速度。可以将需要的部分剪切下来再导入，具体过程如下：

① 选择菜单"文件"→"导入"（Ctrl+I），系统弹出"导入"对话框，如图 3.3 所示，在列选栏中选择"裁剪"选项。

图 3.3　导入格式选择

② 选择所需导入素材后，单击"导入"按钮，弹出"裁剪图像"对话框，如图 3.4 所示。
- 在对话框的预览窗口中，通过拖动修剪选取框中的控制点，可以直观地选择裁剪范围。
- 可以在"选择要裁剪的区域"选项框中设置"上"、"宽度"、"左"、"高度"增量框中的数值，进行精确的修剪。
- 在默认情况下，"选择要裁剪的区域"选项框中的选项都是以"像素"为单位的。需要时，可以在"单位"列选框中选择其他的计量单位。
- 在对话框下面的"新图像大小"栏中显示了修剪后新图像的文件尺寸。

设置完成后，单击"确定"按钮，这时鼠标会变成一个标尺，鼠标右下方会显示图片的相应信息。在绘图页面中拖动鼠标，即可将导入的图像按鼠标拖出的尺寸导入绘图页面，如图 3.5 所示。

（2）导入时"重新取样"位图

导入时"重新取样"位图可以更改对象的尺寸、解析度及消除缩放对象后产生的锯齿现象等，达到控制对象文件大小和显示质量而适应需要的目的。具体过程如下：

① 在"导入"对话框的列选栏中选择"重新取样"。

图 3.4 "裁剪图像"对话框　　　　　　　图 3.5　导入裁剪图像

② 选择所需导入素材后，单击"导入"按钮，弹出"重新取样图像"对话框，如图 3.6 所示。在对话框中可以设置"宽度"、"高度"、"分辨率"等内容，最后单击"确定"按钮。

3．导出文件

使用导出功能可将 CorelDRAW 矢量图形转换为其他软件识别的数据格式。

基本方法：选择菜单"文件"→"导出"（Ctrl＋E）。

导出时需要选择"文件类型"（如 BMP 文件类型）、"排序类型"（如最近用过的文件）。

下面以导出位图为例来说明导出的基本过程。

单击"导出"按钮，系统弹出"导出"对话框，输入文件名，保存类型选择"BMP"，单击"导出"按钮，弹出"转换为位图"对话框，如图 3.7 所示。

设置参数后，单击"确定"按钮，即可在指定的文件夹内生成导出文件。

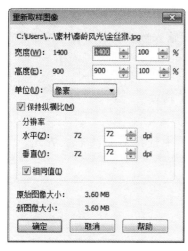
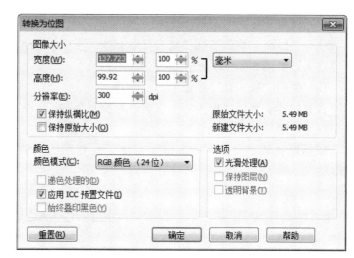

图 3.6 "重新取样图像"对话框　　　　　图 3.7 "转换为位图"对话框

4．保存文件

完成作品后，需要将文件保存并关闭。保存文件的常用方法有两种。

(1) 通过菜单

选择菜单"文件"→"保存"(Ctrl+S)，可保存文件。

选择菜单"文件"→"另存为"(Ctrl+Shift+I)，可另存储文件。

如果是第一次保存文件，系统将弹出"保存绘图"对话框。在对话框中可以设置文件名、保存类型及版本等选项。

(2) 通过工具栏按钮

在工具栏中单击"保存"按钮可保存文件。

3.1.4 版面管理

1. 设置页面类型

一个文件的默认页面大小为 A4，但在实际应用中，应按照印刷的具体情况来设计页面大小及方向。这些都可在属性栏中进行设置。

2. 插入和删除页面

在文件的创建过程中，如果内容不能容纳在一个页面上，就需要插入新的页面。而对于不需要的页面，则可以删除。页面的插入和删除有多种方法，如图 3.8 所示。

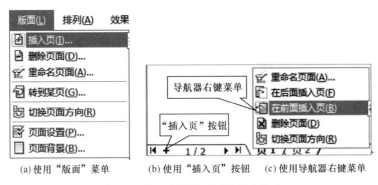

(a) 使用"版面"菜单　　(b) 使用"插入页"按钮　(c) 使用导航器右键菜单

图 3.8　插入和删除页面的基本方法

(1) 使用"版面"菜单

执行"版面"菜单下的"插入页"命令，在"插入"后面输入数值或利用上下按钮进行数值输入，如图 3.8(a) 所示。

(2) 使用"插入页"按钮

在导航器上利用"插入页"按钮进行插页，如图 3.8(b) 所示。

(3) 使用导航器右键菜单

鼠标指向某个页面，单击鼠标右键，在弹出的快捷菜单中选择需要的插入方式，如图 3.8(c) 所示。

3.2　图形处理

CorelDRAW 操作界面友好，并为用户创建各种图形对象提供了一套工具，利用这些工具可以快速地绘制出各种图形对象，轻松地编辑并处理图形文档，其中常见的工具如图 3.9 所示。

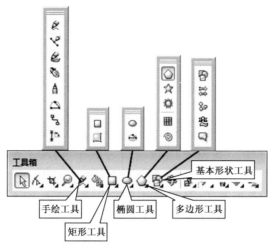

图 3.9　常见工具按钮

3.2.1　创建基本图形

工具箱中提供了一些用于绘制几何图形的工具，通过它们可以快速地创建基本图形。

1. 矩形工具组

（1）矩形工具

使用矩形工具可以绘制矩形、正方形和圆角矩形。

- 双击矩形工具可以绘制出与绘图页面大小一样的矩形。
- 按住 Shift 键拖动鼠标，可绘制出以鼠标单击点为中心的图形。
- 按住 Ctrl 键拖动鼠标可绘制出正方形。
- 按住 Ctrl＋Shift 键后拖动鼠标，可绘制出以鼠标单击点为中心的正方形。

使用矩形工具绘制矩形、正方形、圆角矩形后，在属性栏中会显示出该图形对象的属性参数，通过改变属性栏中的相关参数设置，可以精确地创建矩形或正方形。

绘制矩形后，在工具箱中选中形状工具，单击选择矩形边角上的一个节点并按住左键拖动，矩形将变成有弧度的圆角矩形。在 4 个节点均被选中的情况下，拖动其中一点可以使其成为正规的圆角矩形，如果只选中其中一个节点进行拖拉，那么就变成不正规的圆角矩形。图 3.10 展示了正规的圆角矩形和不正规的圆角矩形。

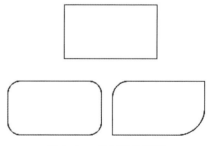

图 3.10　绘制圆角矩形

（2）三点矩形工具

三点矩形工具主要用于精确勾图或绘制一些比较精密的图形（如工程图等），它们是矩形工具的延伸工具。

操作方法：

① 选择三点矩形工具。

② 在工作区中按住鼠标左键并拖动，此时会出现一条直线。

③ 释放鼠标后移动光标的位置，然后在第三点上单击鼠标即可完成绘制。

2. 椭圆工具组

使用椭圆工具可以绘制出椭圆、圆、饼形和圆弧。

3. 多边形工具组

多边形工具组主要包括图纸工具、星形工具、复杂星形工具、多边形工具和螺旋线工具5类。

（1）图纸工具

- 按住 Ctrl 键拖动鼠标可绘制出正方形边界的网格。
- 按住 Shift 键拖动鼠标，可绘制出以鼠标单击点为中心的网格。
- 按住 Ctrl+Shift 键拖动鼠标，可绘制出以鼠标单击点为中心的正方形边界的网格。

（2）星形工具、复杂星形工具、多边形工具

在属性栏中进行设置后即可改变多边形或星形的形状。

（3）螺旋线工具

螺旋线是一种特殊的曲线。利用螺旋线工具可以绘制两种螺旋纹：对称式螺纹和对数式螺纹。

4. 基本形状工具组

基本形状工具组为用户提供了五组几十个外形选项，包括基本形状、箭头形状、流程图形状、星形、标志形状。

5. 艺术笔工具组

艺术笔工具组提供了手绘工具、贝塞尔工具、艺术笔工具等多项工具。

（1）手绘工具

手绘工具实际上就是使用鼠标在绘图页面上直接绘制直线或曲线的一种工具。手绘工具除了绘制简单的直线（或曲线）外，还可以配合其属性栏的设置，绘制出各种粗细、线型的直线（或曲线）及箭头符号。

（2）贝塞尔工具

使用贝塞尔工具可以比较精确地绘制直线和圆滑曲线。贝塞尔工具通过改变节点控制点的位置来控制及调整曲线的弯曲程度。

（3）艺术笔工具

艺术笔工具是一种具有固定或可变宽度及形状的特殊画笔工具。利用它可以创建具有特殊艺术效果的线段或图案。在艺术笔工具的属性栏中提供了预设、笔刷、喷罐、书法、压力5个功能各异的笔形按钮及其功能选项设置。选择笔形并设置宽度等选项后，在绘图页面中单击并拖动鼠标，即可绘制出丰富多彩的图案效果，图3.11展示了5种笔形的效果。

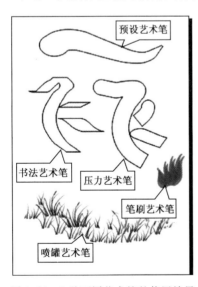

图 3.11　5 种不同艺术笔的使用效果

3.2.2　轮廓处理

矢量图像由填充色与轮廓色组成，用户可以设定填充色与轮廓色。一般最简单的轮廓处理方式是通过轮廓工具组中的轮廓笔来设置，如图3.12所示。

单击工具箱中的轮廓工具组按钮，在展开的工具栏中按下轮廓笔对话框按钮，打开"轮廓笔"对话框，如图 3.13 所示。

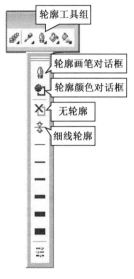
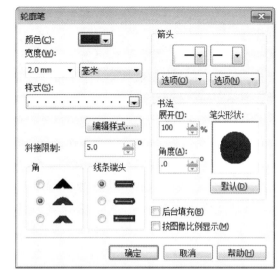

图 3.12　轮廓工具组　　　　　　图 3.13　"轮廓笔"对话框

- 颜色：为对象设置轮廓色，默认调色板为 CMYK 调色板，如要自行设定，可单击调色板下方的"其他…"按钮，在开启的对话框中进行设定。
- 宽度：在下拉列表中，可以选择轮廓的宽度，也可自行输入轮廓的宽度值。
- 样式：在下拉列表中，选择轮廓样式。
- 编辑样式：单击此按钮可以开启"编辑线条样式"对话框，自行编辑轮廓笔的样式，编辑完成后单击"添加"按钮将其添加到样式库中。
- 箭头：在此项中可以设置箭头的样式。

调整参数，直到满足要求为止。图 3.14 展示了轮廓处理效果。

图 3.14　轮廓处理效果

3.2.3　颜色填充

颜色填充对于作品的表现是非常重要的，CorelDRAW 中提供 3 种基本的颜色填充方法。

1. 使用填充工具组

在填充工具组中有均匀填充、渐变填充、图样填充、底纹填充和 PostScript 填充 5 种基本的填充模式，如图 3.15 所示。

（1）均匀填充

均匀填充是最普通的一种填充方式。单击"均匀填充"按钮，系统弹出"均匀填充"对话框，选择对应的填充颜色即可。

（2）渐变填充

渐变填充包括线性、射线、圆锥和方角 4 种方式，可以灵活地利用各个选项得到需要的渐变填充。

选中要填充的对象，单击渐变填充按钮，系统会弹出"渐变填充"对话框。

在"颜色调和"选项中，有"双色"、"自定义"两项，其中"双色"是默认的渐变色彩方式。调整参数，即可完成填充。

（3）图样填充

提供 3 种图案填充模式：双色、全色和位图模式，有多种不同的花纹和样式供用户选择。

选中要填充的对象，单击图样填充按钮，系统会弹出"渐变填充"对话框。调整参数，即可完成填充。

（4）底纹填充

提供几百种纹理样式及材质，包括泡沫、斑点、水彩等，用户在选择各种纹理后，还可以在"纹理填充"对话框进行详细设置。

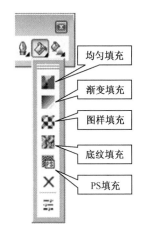

图 3.15　填充工具组

选中要填充的对象，单击底纹填充按钮，系统会弹出"底纹填充"对话框。调整参数，即可完成填充。

（5）PostScript 填充

PostScript 底纹是用 PostScript 语言编写的一种特殊底纹。

选中要填充的对象，单击 PostScript 填充按钮，系统会弹出"PostScript 底纹"对话框。调整参数，即可完成填充。

图 3.16 展示了 5 种方式的填充效果。

图 3.16　5 种不同填充效果

2. 使用交互式填充工具组

另外一种方式是使用交互式填充工具组进行填充，交互式填充工具组如图 3.17 所示。通过交互式填充工具组提供的工具，可以实现更为精细的填充。在该工具组中有两种填充工具：交互式填充工具和交互式网状填充工具。

（1）交互式填充工具

使用交互式填充工具及其属性栏，可以给对象添加各种类型的填充。在工具箱中单击交互式填充工具按钮，即可在绘图页面的上方看到其属性栏，如图 3.18 所示。

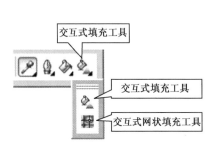

图 3.17　交互式填充工具组

图 3.18　交互式填充工具属性

虽然每个填充类型都对应着自己的属性栏选项，但其操作步骤和设置方法却基本相同。

使用交互式填充工具的基本操作步骤如下：

① 选中需要填充的对象。

② 在工具箱中选中交互式填充工具。

③ 在属性栏中设置相应的填充类型及其属性选项后，即可填充该对象。

（2）交互式网状填充工具

使用交互式网状填充工具可以轻松地创建复杂多变的网状填充效果，同时还可以对每个网点填充上不同的颜色并定义颜色的扭曲方向。

使用交互式网状填充工具的基本操作步骤如下：

① 选定需要网状填充的对象。

② 单击交互式网状填充工具。

③ 在交互式网状填充工具属性栏中设置网格数目。

④ 单击需要填充的节点，然后在调色板中选定需要填充的颜色，即可为该节点填充颜色。

⑤ 拖动选中的节点，即可扭曲颜色的填充方向。

图3.19展示了对一个2行3列矩形进行20%黑、扭曲颜色填充方向的网状填充的效果。

3. 使用滴管工具组

滴管工具组包含两个基本工具：滴管工具和颜料桶工具，如图3.20所示。使用滴管工具不但可以在绘图页面的任意图形对象上拾取所需的颜色及属性，还可以从程序之外乃至桌面任意位置拾取颜色。使用颜料桶工具则可以将拾取的颜色（或属性）任意次地填充到其他的图形对象上。

图3.19 交互式网状填充工具填充效果　　图3.20 滴管工具组

（1）使用滴管工具拾取示例颜色

使用滴管工具拾取示例颜色的基本操作步骤如下：

① 在工具箱中选中吸管工具，此时光标变成吸管形状。

② 在其属性栏的"拾取类型"下拉列表框中选择"示例颜色"选项，在属性栏的"样本大小"下拉列表框中设置吸管的取色范围，如图3.21所示。

③ 使用鼠标单击所需的颜色，颜色即被选取。

④ 选取颜料桶工具，此时光标变成颜料桶，其下方有一个代表当前所取颜色的色块。

⑤ 将光标移动到需填充的对象中，单击即可为对象填充颜色。

如果要在绘图页面以外拾取颜色，只需单击属性栏中的"从桌面选择"按钮，既可移动吸管工具到操作界面以外的系统桌面上拾取颜色。

（2）使用滴管工具拾取对象属性

滴管工具和颜料桶工具不但能拾取示例颜色，还能拾取一个目标对象的属性，并将其复制到另一个目标对象上。

使用滴管工具拾取样本属性的基本操作步骤如下：

① 在工具箱中选中滴管工具，并在属性栏的"拾取类型"下拉列表框中选择"对象属性"选项，如图3.22所示。

图 3.21　滴管工具拾取"示例颜色"　　　　图 3.22　滴管工具拾取"对象属性"

② 打开属性栏的"属性"下拉列表框，选择需要拾取的对象属性；打开属性栏的"变换"下拉列表框，选择需要拾取的变换属性；打开属性栏的"效果"下拉列表框，选择需要拾取的效果属性。

③ 使用滴管工具在想要复制属性的对象中单击拾取对象属性。

④ 使用颜料桶工具将对象属性复制到另一个对象中去。

3.2.4　交互式调和工具组

CorelDRAW提供了调和、轮廓、封套、变形、立体化、阴影、透明等交互式特效工具，并将它们归纳在一个工具组中，如图3.23所示。

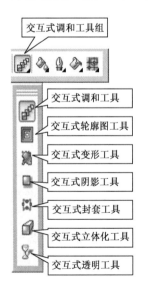

图 3.23　交互式调和工具组

1. 交互式调和工具

使用调和功能可以在矢量图形对象之间产生形状、颜色、轮廓及尺寸上的平滑变化，快捷地创建调和效果。

使用交互式调和工具的基本操作步骤如下：

① 先绘制两个用于制作调和效果的对象。

② 在工具箱中选定交互式调和工具。

③ 在调和的起始对象上按住鼠标左键不放，然后拖动到终止对象，释放鼠标即可。

图3.24展示了两个15角形的调和效果。

2. 交互式轮廓图工具

轮廓图效果是指由一系列对称的同心轮廓线圈组合在一起所形成的具有深度感的效果。轮廓图效果与调和效果相似，也是通过过渡对象来创建渐变效果的，但轮廓图效果只能作用于单个对象，而不能应用于两个或多个对象。

使用交互式轮廓图工具的基本操作步骤如下：

① 先绘制用于制作轮廓图效果的对象。
② 在工具箱中选择交互式轮廓工具。
③ 用鼠标向内（或向外）拖动对象的轮廓线，在拖动的过程中可以看到提示的虚线框。
④ 当虚线框达到满意的大小时，释放鼠标即可完成轮廓图效果的制作。

图 3.25 展示了对称式螺纹的轮廓图效果。

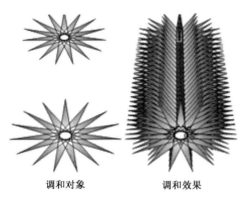

图 3.24　两个 15 角形的调和效果

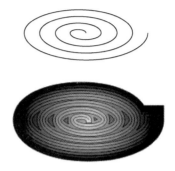

图 3.25　对称式螺纹轮廓图效果

3. 交互式变形工具

交互式变形工具可以方便地改变对象的外观，通过工具中推拉变形、拉链变形和扭曲变形 3 种变形方式的相互配合，可以得到意想不到的变形效果。

4. 交互式阴影工具

交互式阴影工具用于为对象添加下拉阴影，增加景深感，从而使对象具有逼真的外观效果。阴影效果与选定对象是动态链接在一起的，如果改变对象的外观，阴影也会随之变化。

5. 交互式封套工具

交互式封套工具通过操纵边界框来改变对象的形状，可以方便快捷地创建对象的封套效果。封套效果有点类似于印在橡皮上的图案，扯动橡皮则图案会随之变形。

6. 交互式立体化工具

交互式立体化工具利用立体旋转和光源照射的功能为对象添加产生明暗变化的阴影，可以轻松地为对象添加具有专业水准的矢量图立体化效果或位图立体化效果。

7. 交互式透明工具

交互式透明工具通过改变对象填充颜色的透明程度来创建独特的视觉效果，可以方便地为对象添加"标准"、"渐变"、"图样"和"底纹"等效果。

图 3.26 展示了交互式变形工具、交互式阴影工具、交互式封套工具、交互式立体化工具、交互式透明工具的使用效果。

3.2.5　透镜效果

透镜效果是指通过改变对象外观或改变观察透镜下对象的方式所取得的特殊效果。

1. 透镜种类

系统提供了 12 种透镜，如图 3.27 所示。每一种类型的透镜都有自己的特色，能使位于透镜下的对象显示出不同的效果。

- 无透镜效果：消除已应用的透镜效果，恢复对象的原始外观。

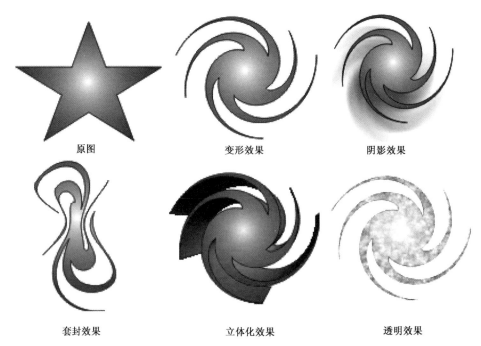

图 3.26 交互式工具使用效果

- 使明亮：控制对象在透镜范围内的亮度。
- 颜色添加：添加颜色的不同效果。
- 色彩限度：将对象上的颜色转换为指定的透镜颜色弹出显示。
- 自定义色彩图：将对象的填充色转换为双色调。
- 鱼眼：通过改变"比率"增量框中的值来设置扭曲的程度，使透镜下的对象产生扭曲的效果。
- 热图：为对象模拟添加红外线成像效果。
- 反转：按 CMYK 模式将透镜下对象的颜色转换为互补色，产生类似相片底片的效果。
- 放大：产生放大镜一样的效果。
- 灰度浓淡：将透镜下的对象颜色转换成透镜色的灰度等效色。
- 透明度：调节有色透镜的透明度。
- 线框：用来显示对象的轮廓，可为轮廓指定填充色。

2. 添加透镜效果

虽然每种透镜所产生的效果并不相同，但添加透镜效果的操作步骤却基本相同。添加透镜效果基本步骤如下：

① 选择需要添加透镜效果的对象。
② 选择菜单"效果"→"透镜"，弹出"透镜"对话框，如图 3.28 所示。
③ 选择要应用的透镜效果，设置透镜参数。

虽然不同类型的透镜所需设置的参数选项不尽相同，但"冻结"、"视点"和"移除表面"是所有类型透镜都有的公共参数。

- 冻结：选择该参数的复选框后，可以将应用透镜效果对象下面的其他对象所产生的效果添加成透镜效果的一部分，不会因为透镜或对象的移动而改变该透镜效果。

图 3.27　透镜类型　　　　　图 3.28　"透镜"对话框

- 视点：该参数的作用是在不移动透镜的情况下，只弹出透镜下面对象的一部分。当选中该选项的复选框时，其右边会出现一个"编辑"按钮，单击此按钮，则在对象的中心会出现一个"×"标记，此标记代表透镜所观察到对象的中心，拖动该标记到新的位置，产生以新视点为中心的对象的透镜效果。
- 移除表面：选中此选项，则透镜效果只显示该对象与其他对象重合的区域，而被透镜覆盖的其他区域则不可见。

④ 单击"应用"按钮，即可将选定的透镜效果应用于对象中。

注意：透镜只能应用于封闭路径及艺术字对象，而不能应用于开放路径、位图或段落文本对象，也不能应用于已经建立了动态链接效果的对象（如立体化、轮廓图等效果的对象）。

图 3.29 展示了对矩形使用 5 种不同透镜的效果。

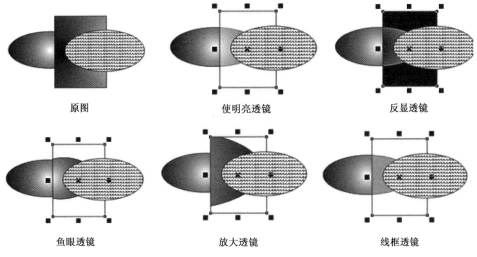

图 3.29　5 种透镜效果

3．复制与取消透镜效果

（1）复制透镜效果

如果需要复制透镜的效果，可按如下步骤完成：

① 选择需要添加透镜效果的对象。

② 选择菜单"效果"→"复制效果"→"透镜"。
③ 当鼠标变成黑色箭头时，单击已经添加了透镜效果的对象即可复制透镜效果。
（2）取消透镜效果
如果需要取消透镜的效果，可按如下步骤完成：
① 选择需要取消透镜效果的对象。
② 在"透镜"对话框中选择"无透镜效果"即可取消透镜效果。

3.2.6 对象的选择

在图形的绘制和编辑过程中，遵守的基本规则就是"先选择，再操作"。

图 3.30　选中状态

1. 选择单个对象

新绘制的图像默认处于被选中状态，在此对象中心会有一个"×"标记，在四周有 8 个控制点，如图 3.30 所示。

若要选取其他对象，可首先在工具栏中选中挑选工具，然后用鼠标单击要选取的对象，则此对象被选取。空格键是挑选工具的快捷键，利用空格键可以快速切换到挑选工具，再按一下空格键，则切换回原来的工具。

2. 选择多个对象

选择多个对象有两种基本方法。

（1）Shift 键加左键单击选择

首先选中第一个对象，然后按下 Shift 键不放，再单击要加选的其他对象，即可选取多个图形对象。

按下 Shift 键单击已被选取的图形对象，则这个被单击的对象会从已选取的范围中去掉。

（2）鼠标虚线框选择

在工具箱中选中挑选工具后，按下鼠标左键在页面中拖动，蓝色虚线框内的对象被选中。若按下 Alt 键不放，单击鼠标拖动，则蓝色选框接触到的对象都会被选中。

在工具箱中选中挑选工具，按下键盘上的 Tab 键，就会选中最后绘制的图形，如不停地按 Tab 键，则按绘制顺序从最后开始选取对象。

3. 选择重叠对象

选择重叠对象后面的图像时，总会点选到前面一层。只要按下 Alt 键在重叠处单击，则可以选择被覆盖的图形，再次单击，则可以选择更下层的图形，以此类推。

4. 选择全部对象

双击挑选工具按钮可以选中工作区中所有的图形对象。

3.2.7 对象的变换

创建一个对象后，可以对其进行一系列的变换操作，直到满足要求为止。

1. 镜像对象

镜像对象是将对象在水平或垂直方向上进行翻转。所有的对象都可以做镜像处理，选中对象后，选定圈选框周围的一个控制点向对角方向拖动，可得到按比例的镜像。若使用 Ctrl+控制点向对角方向拖动，可得到 100% 的镜像。

2. 倾斜和旋转对象

双击需要倾斜或旋转处理的对象，便可进入旋转/倾斜编辑模式，此时对象周围的控制点变成旋转控制箭头和倾斜控制箭头，如图 3.31 所示。

然后，将鼠标移动到旋转控制箭头上，沿着控制箭头的方向拖动控制点；在拖动的过程中，会有蓝色的轮廓线框跟着旋转，指示旋转的角度。

旋转到合适的角度时，释放鼠标即可完成对象的旋转。

图 3.31　旋转/倾斜编辑模式

3. 缩放和改变对象

选中需要缩放或改变的对象，然后拖动对象周围的控制点，即可缩放对象。这种方法方便、直接，但精度较低。如果需要比较精确地缩放对象或改变对象的大小，可以利用属性栏中的选项来完成：

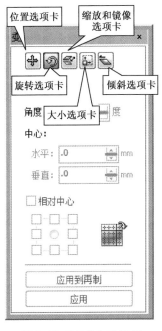

图 3.32　"变换"对话框

- "缩放尺寸"文本框：输入横向尺寸值和纵向尺寸值，可改变对象的横向和纵向尺寸。
- "缩放比例"文本框：输入相应的百分比值，可按设定的比例来缩放对象。

在"缩放比例"文本框的右上角有一个锁形按钮，当其呈"闭锁"状态时，缩放尺寸/比例的设置都是关联的，对象只能等比例地缩放；当其呈"开锁"状态时，对象才可以不等比例地缩放。

4. 使用"变换"对话框精确控制对象

在"变换"对话框中可以精确地实现对象的移动、旋转、镜像、缩放及倾斜。

选中对象，选择菜单"排列"→"变换"，系统弹出"变换"对话框，如图 3.32 所示。

在变换命令的级联菜单中包含了"位置"、"旋转"、"缩放和镜像"、"大小"和"倾斜"5 个选项卡，单击其中一个即可弹出相应的"变换"参数选项。

在变换操作选项设置完毕后，单击"应用"按钮，即可将变换效果应用到对象上去；单击"应用到再制"按钮，将会得到该对象的一个产生变换效果的副本。

图 3.33 展示了对椭圆进行了 27 次"应用到再制"旋转的效果。

3.2.8　对象的编辑

创建的对象如不满足要求，就需要对其进行进一步的编辑。利用系统提供的工具，用户可以灵活地编辑和修改对象。

1. 使用橡皮擦工具

使用橡皮擦工具可以改变、分割选定的对象或路径。使用该工具在对象上拖动，可以在对象内部擦除一些图形，而且对象中被破坏的路径，会自动封闭路径，处理后的图形对象和处理前具有同样的属性。

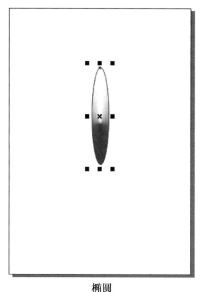 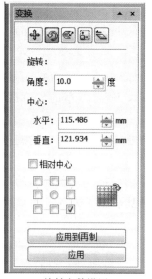 

椭圆　　　　　　　　　　旋转参数设置　　　　　　　　　效果

图 3.33　旋转效果

使用橡皮擦工具的基本操作步骤如下：

① 使用选取工具选定需要处理的图形对象。

② 从工具箱中的裁剪工具组选择橡皮擦工具，如图 3.34 所示。

③ 此时鼠标光标变成了橡皮擦形状，拖动鼠标即可擦除拖动路径上的图形。

④ 可以在属性栏的增量框中设置橡皮擦工具的宽度。

2. 使用刻刀工具

使用刻刀工具可以将对象分割成多个部分，但不会使对象的任何一部分消失。

使用刻刀工具的基本操作步骤如下：

① 从工具箱中的裁剪工具组选择刻刀工具，此时鼠标光标变成刻刀形状。

② 在属性栏中选择"成为一个对象"按钮，如图 3.35 所示，可以将对象切割成相互独立的曲线，且原有的填充效果将消失。

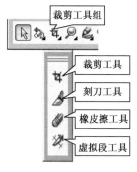 

图 3.34　裁剪工具组　　　　　图 3.35　刻刀属性栏

③ 将鼠标移动到图形对象的轮廓线上，分别在不同的截断点位置单击。此时可看到图形被截断成了两条非封闭的曲线，且原有的填充效果消失。

• 若在属性栏中选择"剪切时自动闭合"按钮，可以将被切断后的对象自动生成封闭曲线，并保留填充属性。
- 也可以用拖动的方式来切割对象，这种方法在切割处会产生许多多余的节点，并且得到不规则的截断面。

3. 使用虚拟段删除工具

虚拟段删除工具可以删除相交对象中两个交叉点之间的线段，从而产生新的图形形状。该工具的操作十分简单。

使用虚拟段工具的基本操作步骤如下：

① 从工具箱中的裁剪工具组选择虚拟段删除工具。

② 移动鼠标到删除的线段处，此时删除虚设线工具的图标会竖立起来。

③ 单击鼠标即可删除选定的线段。

如果想要同时删除多个线段，可拖动鼠标在这些线段附近绘制出一个范围选取虚线框，然后释放鼠标。

图 3.36 展示了虚拟段删除工具的使用效果。

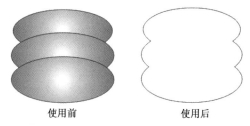

图 3.36　使用虚拟段删除工具

4. 使用涂抹笔刷工具

要创建更为复杂的曲线图形，可以使用形状工具组中的两个变形工具：涂抹笔刷和粗糙笔刷。涂抹笔刷可在矢量图形对象（包括边缘和内部）上任意涂抹，以达到变形的目的。涂抹笔刷的使用方法如下：

① 选定需要处理的图形对象。

② 从形状工具组中选择涂抹笔刷工具。

③ 此时鼠标光标变成了椭圆形状，拖动鼠标即可涂抹拖动路径上的图形。

图 3.37 展示了涂抹笔刷的使用效果。

5. 使用粗糙笔刷工具

粗糙笔刷是一种扭曲变形工具，它可以改变矢量图形对象中曲线的平滑度，从而产生粗糙的变形效果。粗糙笔刷的使用方法如下：

① 选定需要处理的图形对象。

② 选择粗糙笔刷工具。

③ 在矢量图形的轮廓线上拖动鼠标，即可将其曲线粗糙化。

图 3.38 展示了粗糙笔刷的使用效果。

图 3.37　使用涂抹笔刷工具

图 3.38　使用粗糙笔刷工具

需要注意的是，涂抹笔刷和粗糙笔刷应用于如矩形和椭圆等规则形状的矢量图形时，会弹出如图 3.39 所示提示框，此时应单击"确定"按钮将其转换成曲线后再应用这两个变形工具。

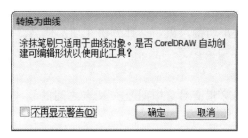

图 3.39 "转换为曲线"提示框

3.2.9 对象的群组结合与造型

1. 群组

群组与结合有很大的区别。

使用"群组"命令可以将多个不同的对象结合在一起,作为一个整体来统一控制及操作。群组操作的基本步骤如下:

① 选定要进行群组操作的所有对象。

② 选择菜单"排列"→"群组"(快捷键 Ctrl+G),即可群组选定的对象。

群组后的对象作为一个整体,当移动或填充某个对象的位置时,群组中的其他对象也将被移动或填充。群组后的对象作为一个整体还可以与其他的对象再次群组。单击属性栏中的"取消群组"或"取消所有群组"按钮,可取消选定对象的群组关系或多次群组关系。

2. 结合

使用"结合"功能可以把不同的对象合并在一起,完全变为一个新的对象。如果对象在结合前有颜色填充,那么结合后的对象将显示最后选定的对象的颜色。它的使用方法与群组过程类似。对于结合后的对象,可以通过"拆分"功能命令来取消对对象的结合。

图 3.40 展示了群组和结合的使用效果。

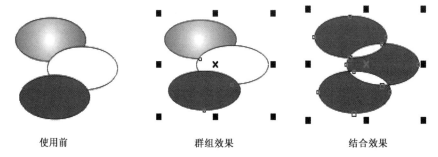

图 3.40 群组和组合的使用效果

3. 造型

使用造型功能可以方便灵活地将简单图形组合成复杂图形,快速地创建曲线图形。在"造型"功能命令组中,包含"焊接"、"修剪"、"相交"、"简化"、"前减后"、"后减前"等 6 种功能。

造型操作的基本步骤如下:

① 选中需要造型的多个对象后,工具属性栏中便会出现对应的造型工具按钮,如图 3.41所示。

- 焊接：将几个图形对象结合成一个图形对象。
- 修剪：将目标对象交叠在源对象上的部分剪裁掉。鼠标拖动圈选时，最底层的对象是目标对象；Shift＋左键单击选择时，最后选中的对象是目标对象。
- 相交：在两个或两个以上图形对象的交叠处产生一个新的对象。
- 简化：减去后面图形对象中与前面图形对象的重叠部分，并保留前面和后面的图形的剩余部分。
- 前减后：减去后面的图形对象及前、后图形对象的重叠部分，只保留前面图形对象剩下的部分。
- 后减前：减去前面的图形对象及前、后图形对象的重叠部分，只保留后面图形对象剩下的部分。

② 选择需要的造型方式，即可完成造型。

图 3.42 展示了焊接的效果。

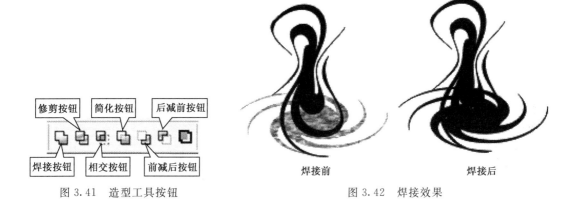

图 3.41　造型工具按钮　　　　　　　　图 3.42　焊接效果

3.3　文本处理

在绘图过程中，往往离不开文本处理，从本质上讲，文本是具有特殊属性的图形对象。

3.3.1　创建文本

文本有两种模式：美术字和段落文本。

1. 美术字

美术字实际上是指作为一个单独的图形对象来使用的单个文字对象，可以使用处理图形的方法对其进行编辑处理。

添加美术字的基本步骤如下：

① 在工具箱中选中文本工具。
② 在绘图页面中适当的位置单击鼠标，会出现闪动的插入光标。
③ 通过键盘直接输入美术字。
④ 设置美术字的相关属性。

使用选取工具选定已输入的文本，即可看到文本工具的属性栏，如图 3.43 所示。
其设置选项与字处理软件中的字体格式设置选项类似。

图 3.43 文本属性栏

图 3.44 展示了美术字的常见处理效果。

图 3.44 美术字处理效果

2. 段落文本

段落文本是建立在美术字基础上的大块区域文本，对段落文本可以使用编辑排版功能进行处理。

（1）添加段落文本

添加段落文本的操作步骤如下：

① 在工具箱中选定文本工具。

② 在绘图页面中的适当位置按住鼠标左键后拖动，会产生一个段落文本框。

③ 在文本框中直接输入段落文本。

对于在其他的文字处理软件中已经编辑好的文本，可以将其粘贴到段落文本框中。

对于段落文本可以进行诸如字体设置、应用粗斜体、排列对齐、添加下画线、首字下沉、缩进等格式编辑。

图 3.45 导入图片

（2）图文混排

段落文本中不仅能实现段落的编辑和格式设置，还能将其他图标及图形对象插入到段落文本中与文本实现图文混排。

图文混排的基本步骤如下：

① 新建或调入段落文本。

② 选择菜单"文件"→"导入"，打开"导入"对话框。

③ 选择需要导入的图形，并将其拖动到绘图页面中的适当位置，此时可以看到图形所在位置的文本部分被覆盖着，如图 3.45 所示。

④ 使用选取工具选定该图形后，在属性栏中单击"段落文本换行"按钮，弹出环绕类型列表框，如图 3.46 所示，选择相应的环绕类型，会产生不同的图文混排效

果，如图 3.47 所示。

图 3.46　设置环绕方式

图 3.47　图文混排

3.3.2　制作文本效果

文本除了能进行基础性的编排处理之外，还可制作文本效果。

1．沿路径排列文字

可以将美术字沿着特定的路径排列，从而得到特殊的文本效果，而且当路径改变时，沿路径排列的文本也会随之改变。

制作沿路径排列文字的操作步骤如下：

① 输入一段文字，使用绘图工具绘制一条曲线。

② 使用选取工具选定需要处理的文本。

③ 选择菜单"文本"→"使文本沿路径"，此时光标变成黑色的向右箭头。

④ 移动该箭头单击曲线路径，即可将文本沿着曲线路径排列。

图 3.48 展示了沿路径排列文字的创建过程。

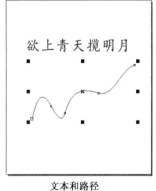
文本和路径

文本沿路径排列

设置结果

图 3.48　路径文本的创建

选中已经填入路径的文本，可通过属性栏中的选项设置改变文本的排列效果。为了不使曲线路径影响文本排列的美观效果，可以选中路径曲线，将其填充为透明色或按 Delete 键将其删除。

2. 将文本与对象对齐

增强的文本对齐功能可以使文本对象像图形对象一样，与图形对象、页面边缘、页面中心、网格线及选择的点对齐。

将文本与对象对齐的操作步骤如下：

① 在页面中绘制需要的文本对象。

② 用选取工具选定需要对齐的文本对象。

③ 选择菜单"排列"→"对齐与分布"→"对齐和属性"，打开"对齐与分布"对话框，如图 3.49 所示，选择对齐方式。

图 3.49 "对齐与分布"对话框

- "对齐对象到"下拉列表框：可以选择将选定的对象对齐到"活动"、"页边"、"页面中心"、"网格"或"指定点"。
- "用于文本来源对象"下拉列表框：可以选择选定的来源文本对象以"装订框"、"首行基线"或"尾行基线"为基准，与目标对象对齐。

④ 单击"应用"按钮，实现文本与选定的对象对齐。

3. 将美术字转换为曲线

如果系统提供的字库不能满足用户的创作需求，可以使用"转换为曲线"命令将美术字转换为曲线。当美术字转换成曲线后，就可以任意改变艺术字的形状。

将美术字转换为曲线的操作步骤如下：

① 选定需要转换的美术字后单击鼠标右键，在弹出的快捷菜单中选择"转换为曲线"命令，即可将选定的文本转换成曲线。

② 选择形状工具，进入节点编辑状态，调整曲线中的相应节点，直至满意为止。

图 3.50 展示了将美术字转换为曲线的转化效果。

注意：艺术字转换成曲线后将不再具有文本属性，与一般的曲线图形一样，而且不能再将其转换为艺术字。所以在使用该命令改变字体形状之前，一定要先设置好所有的文本属性。

4. 将段落文本转换为曲线

美术字可以转换为曲线图形对象，段落文本也可以转换成曲线图形对象，此时，段落文本中的每个字符都转换成为单独的曲线图形对象。将段落文本转换为曲线，不但能保留字体原来的形状，而且转换后还能应用多种特殊效果。

将段落文本转换为曲线的操作步骤如下：

① 选定需要转换的段落文本。

② 单击鼠标右键，在弹出的快捷菜单中选择"转换为曲线"命令，即可将选定的段落

文本转换成曲线图形对象。

③ 按图形对象来进行变换处理，直至满意为止。

注意：要转换为曲线的段落文本的字符数量不要过大，否则将占用很大的存储空间。

图 3.51 展示了段落转换为曲线的转化效果。

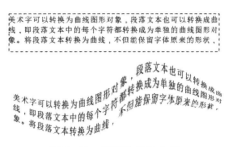

图 3.50　美术字转换为曲线　　　　　　图 3.51　段落转换为曲线

3.4　位图处理

CorelDRAW 不但可以创建矢量图形，还可以处理位图并对位图添加各种效果。

3.4.1　位图的变换处理

1. 缩放和修剪位图

位图在导入时可以修剪，导入后不仅可以进行缩放、修剪处理，还可以使用位图处理工具编辑位图。

缩放和修剪位图的基本操作步骤如下：

① 导入位图。

② 使用选取工具选中位图，此时图像的四周会出现控制框及 8 个控制节点。

③ 拖动控制框中的控制节点，可缩放位图的尺寸。也可通过设置选取工具属性栏中的图像尺寸或比例选项，来控制位图的缩放。

④ 选中形状工具，单击导入的位图，此时图像的四个边角出现 4 个控制节点。

⑤ 拖动位图边角上的控制节点修剪位图，也可在控制框边线上双击鼠标左键添加转换节点后，再进行编辑。

图 3.52 展示了位图的修剪效果。

图 3.52　位图的修剪

2. 旋转和倾斜位图

和其他的矢量图形对象一样，也可以对位图进行旋转和倾斜操作，其操作方法和步骤与矢量对象的操作是一样的。图3.53展示了位图的旋转结果。

3.4.2 位图的效果处理

在"效果"菜单中提供有调整、变换及校正功能，如图3.54所示。通过调整均衡性、色调、亮度、对比度、强度、色相、饱和度及伽马值等颜色特性，可以方便地调整位图的色彩效果。

1. 调整功能

通过调整功能，可以创建或恢复位图中由于曝光过渡或感光不足而呈现的部分细节，丰富位图的色彩效果。使用调整功能的方法比较简单和直观，只需选定需要调整的对象，然后选择需要的功能选项，即可通过相应的对话框调整位图效果。

2. 变换功能

通过变换功能，能对选定对象的颜色和色调产生一些特殊的变换效果。

3. 校正功能

通过校正功能，能够修正和减少图像中的色斑，减轻锐化图像中的瑕疵。使用"蒙尘与刮痕"功能选项，可以通过更改图像中相异的像素来减少杂色。

图3.53 位图的旋转

图3.54 "效果"菜单

3.4.3 位图的色彩遮罩和色彩模式

使用位图的色彩遮罩和色彩模式可以方便地调整位图的颜色，按照需要屏蔽掉位图中的某种颜色，也可以将位图转换为需要的色彩模式。

1. 使用位图的色彩遮罩

位图的色彩遮罩可以用来显示和隐藏位图中某种特定的颜色，或者与该颜色相近的颜色。

使用色彩遮罩的操作步骤如下：

① 在绘图页面中导入位图，并使它保持被选中状态。

② 选择菜单"位图"→"位图颜色遮罩"，弹出"位图颜色遮罩"对话框，如图 3.55 所示。

③ 选择"位图颜色遮罩"对话框顶部的"隐藏颜色"（或"显示颜色"）选项。

④ 选择下面列表框中 10 个颜色框中的一个颜色框。

⑤ 单击列选框下的颜色选择按钮（吸管），调节"容限"滑块，设置容差值：取值范围为 0~100。容差值为 0 时，只能精确取色，容差值越大，则选取的颜色的范围就越大，近似色就越多。

⑥ 将已变成吸管状的光标移动到位图中想要隐藏（或显示）的颜色处，单击即可选取该颜色。

⑦ 单击"应用"按钮，便可完成位图色彩遮罩的操作。

图 3.56 展示了单色遮罩和多色遮罩的不同效果。

2. 改变位图色彩模式

根据不同的应用需求，通过色彩模式转换将位图转换到最合适的色彩模式，从而控制位图的外观质量和文件大小。

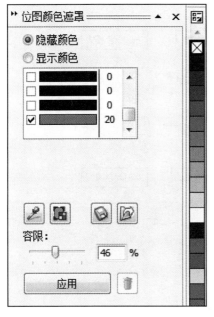

图 3.55 "位图颜色遮罩"对话框

图 3.56 颜色遮罩效果

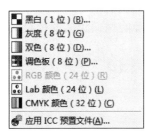

图 3.57 "模式"子菜单

选择菜单"位图"→"模式"，可以选择位图的色彩模式，如图 3.57 所示。

（1）黑白（1 位）模式

黑白模式是颜色结构中最简单的位图色彩模式，由于只使用 1 位来显示颜色，所以只有黑白两色。

（2）灰度（8 位）模式

将选定的位图转换成灰度（8 位）模式，可以产生一种类似于黑白照片的效果。

（3）双色调（8位）模式

在"双色调"对话框中不仅可以设置单色调模式，还可以在类型列选栏中选择双色调、三色调及全色调模式。

（4）调色板（8位）模式

通过这种色彩转换模式，用户可以设定转换颜色的调色板。

（5）RGB颜色（24位）模式

RGB颜色模式中，R、G、B三个分量各自代表三原色且都具有256级强度，其余的单个颜色都是由3个分量按照一定的比例混合而成的。RGB是位图的默认颜色模式。

（6）Lab颜色（24位）模式

Lab颜色是基于人眼认识颜色的理论而建立的一种与设备无关的颜色模型。L、a、b三个分量各自代表照度、从绿到红的颜色范围及从蓝到黄的颜色范围。

（7）CMYK颜色（32位）模式

CMYK颜色模式的4种颜色分别代表了印刷中常用的青、品红、黄、黑4种油墨颜色，将4种颜色按照一定的比例混合起来，就能得到范围很广的颜色。由于CMYK颜色比RGB颜色的范围要小一些，故将RGB位图转换为CMYK位图时，会出现颜色损失的现象。

图3.58展示了位图在不同色彩模式的显示效果。

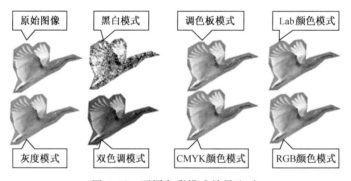

图3.58 不同色彩模式效果比对

3.4.4 应用滤镜

使用位图滤镜可以迅速地改变位图的外观效果。

1. 滤镜简介

在"位图"菜单中，有10类位图处理滤镜，如图3.59所示。

每一类滤镜的级联菜单中都包含了多个滤镜效果命令。在这些滤镜效果中，一部分可以用来校正图像，用于位图修复；另一部分滤镜则可以用来改变位图原有画面正常的位置或颜色，从而模仿自然界的各种状况或产生一种抽象的色彩效果。

每种滤镜都有各自的特性，灵活运用滤镜可产生丰富多彩的位图效果。

2. 添加滤镜效果

虽然滤镜的种类繁多，但添加滤镜效果的操作却非常相似。

添加滤镜效果的操作步骤如下：

① 选定需要添加滤镜效果的位图。

② 打开"位图"菜单，从相应滤镜组子菜单中选定滤镜命令，打开相应的滤镜属性设置对话框，如图 3.60 所示。

图 3.59 位图滤镜

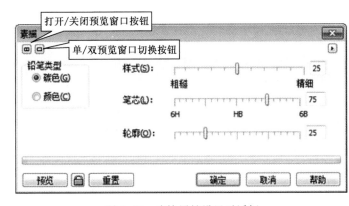

图 3.60 滤镜属性设置对话框

在滤镜属性设置对话框的顶部有两个切换按钮，用于在对话框中打开和关闭预览窗口，以及切换双预览窗口或单预览窗口。在每个滤镜属性设置对话框的底部，都有一个"预览"按钮，单击该按钮，可在预览窗口中预览滤镜添加后的效果。在双预览窗口中，可以比较位图的原始效果和添加滤镜效果之后的变化。

③ 在滤镜属性设置对话框中设置相关的参数选项后，单击"确定"按钮，即可将选定的滤镜效果应用到位图中。

图 3.61 演示了不同滤镜的使用效果。

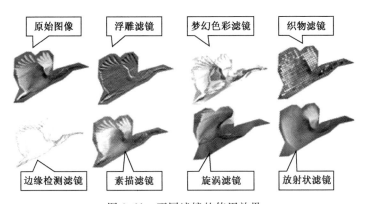

图 3.61 不同滤镜的使用效果

3. 撤销滤镜效果

如果对添加的滤镜效果不满意，可以撤销滤镜效果。撤销滤镜效果的常见方法有两种。

（1）使用撤销菜单

每次添加的滤镜将会出现在"编辑"菜单顶部的"撤销"（Ctrl+Z）命令中，单击该命令，即可将刚添加的效果滤镜撤销。

（2）使用工具栏的"撤销"按钮

单击常用工具栏中的"撤销"按钮，可以撤销上一步的添加滤镜操作。

3.5 应用举例

3.5.1 海报设计

制作一幅电脑节宣传海报，通过绘制简单、生动的计算机图形，再加以轻快、活泼的色调，使整个画面具有简单、明快的视觉感受。图 3.62 所示为本实例完成效果。

1. 制作要点

主要通过绘制图形轮廓并填充颜色制作出计算机图形。在绘制轮廓图形时使用"贝塞尔"工具，并配合使用"形状"工具对其进行编辑调整，从而绘制出准确的轮廓图形，制作流程如图 3.63 所示。

图 3.62 电脑节宣传海报

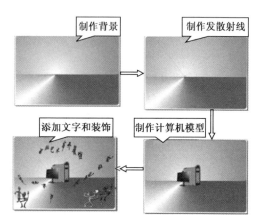

图 3.63 制作流程

2. 制作步骤

（1）启动 CorelDRAW

新建一个工作文档，命名为"电脑节宣传海报.cdr"，单击属性栏中的"横向"按钮，将页面横向摆放，其他参数保持默认设置。

（2）制作背景

① 双击工具箱中的"矩形"工具，创建一个与页面等大的矩形对象，并设置矩形的边角圆滑度，如图 3.64 所示。

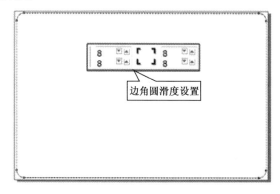

图 3.64 绘制海报边框（圆角矩形）

② 选定矩形,使用"渐变填充"工具,为矩形填充圆锥渐变色,属性设置如图 3.65 所示。

使用交互式填充工具,在页面中拖动控制点对渐变的大小和中心点进行调整,再将矩形的轮廓颜色设置为无,效果如图 3.66 所示。

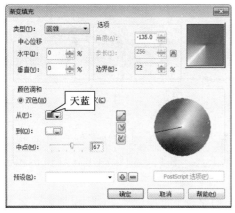

图 3.65 渐变填充属性设置

图 3.66 圆角矩形设置效果

③ 使用"选择"工具,将矩形选中,将该矩形原位置复制,在属性栏中设置两个下角的圆滑度参数为 8,调整新圆角矩形大小到 1/2 页面大小,使用"渐变填充"工具为矩形填充射线渐变色,属性设置如图 3.67 所示。

使用交互式填充工具,在页面中拖动控制点对渐变的大小和中心点进行调整,效果如图 3.68 所示。

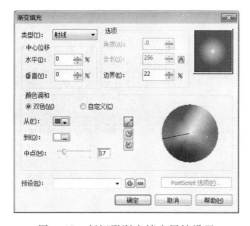

图 3.67 新矩形渐变填充属性设置

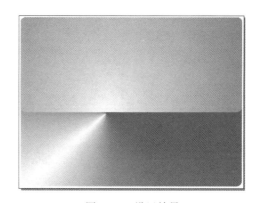

图 3.68 设置效果

(3) 制作发散射线

① 使用"贝塞尔"工具,在页面中制作一条直线,确定绘制的直线为选择状态,执行"排列"→"将轮廓转换为对象"命令,将轮廓转换为对象,如图 3.69 所示。

② 然后将曲线图形原位置再制,使用"选择"工具在上面单击,出现旋转控制柄,将中心控制点的位置调整到曲线的右端,拖动旋转控制柄,更改再制图形的角度,重复该步骤,制作多条射线并旋转其角度,实现发散射线的制作,效果如图 3.70 所示。

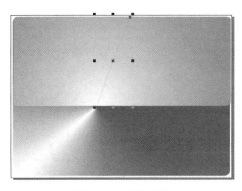
图 3.69 制作直线

图 3.70 制作发散射线

(4) 制作计算机模型

① 执行"工具"→"对象管理器"命令,打开"对象管理器"对话框,单击底部的"新建图层"按钮,新建"图层 2"。使用"贝塞尔"工具,在页面中绘制出计算机机箱的轮廓路径,如图 3.71 所示。

② 机箱填充为灰色,绘制出机箱的正面图形,调整图形的大小、位置和颜色,效果如图 3.72 所示。

③ 导入显示器图片,并调整位置和大小,效果如图 3.73 所示。

(5) 添加文字和装饰图案

添加文字和装饰图案,效果如 3.74 所示。

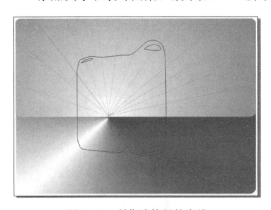
图 3.71 制作计算机轮廓线

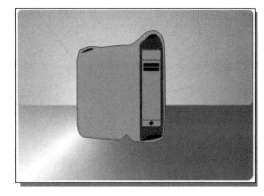
图 3.72 制作计算机正面

图 3.73 制作计算机

图 3.74 制作效果

3.5.2 制作名片

一张精心设计的名片代表了集体、个人的形象，使用 CorelDRAW 可以快速、轻松地制作名片。制作名片的基本步骤如下：

（1）启动 CorelDRAW，新建一个文档。

（2）绘制一个大小为 80mm×45mm（假设为名片的有效印刷区）的矩形。选中矩形，选择菜单"安排"→"对齐与分布"，使矩形居中对齐。

（3）使用艺术笔工具修饰名片四周，如图 3.75 所示。

（4）导入校园风景图，调整大小为 80mm×45mm，对位图使用浮雕效果，参数设置如图 3.76 所示，效果如图 3.77 所示。

图 3.75　制作名片边框

图 3.76　浮雕参数设置

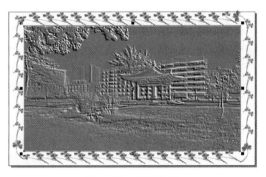

图 3.77　浮雕效果

直接以该浮雕作为背景显得有些突兀，设置该位图的"色度/饱和度/亮度"属性淡化浮雕效果，参数设置如图 3.78 所示，效果如图 3.79 所示。

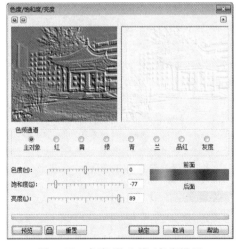

图 3.78　色度/饱和度/亮度设置

图 3.79　设置效果

(5) 在右上角导入校徽，效果如图 3.80 所示。

(6) 输入相关内容，效果如图 3.81 所示。

图 3.80　导入校徽　　　　　　　　　图 3.81　输入文字

(7) 拼版输出。

3.5.3　制作纪念徽章

徽章是一种常见的物品，精美的纪念章会使人爱不释手。下面设计一枚纪念徽章。

(1) 绘制纪念章外部轮廓

① 利用工具箱的"椭圆"工具，同时按住 Ctrl 键，绘制出一个直径为 100mm 的圆，如图 3.82 所示。

② 选取工具箱中的填充工具，选择其中的"渐变式填充"，在弹出的"渐变填充"对话框中，将渐变颜色设置成由橘色到浅黄色的渐变，如图 3.83 所示。橘色设置为 C：0、M：18、Y：88、K：0，浅黄色设置为 C：0、M：2、Y：8、K：0。

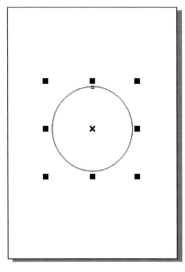 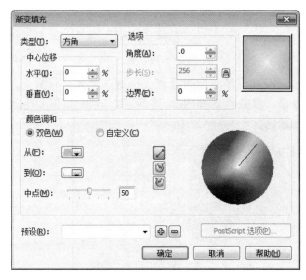

图 3.82　绘制圆形　　　　　　　　　图 3.83　设置渐变填充

③ 去掉圆形的边界，效果如图 3.84 所示。

(2) 制作纪念章内部轮廓

① 选取该圆形，复制得到两个相同的圆形，按住 Shift 键，缩小上层的圆形到直径为 90mm，两圆中心对齐。效果如图 3.85 所示。

② 选取工具箱的填充工具，选择其中的"渐变式填充"，在弹出的"渐变填充"对话框中的"颜色调和"选项中选择"自定义"，如图3.86所示。

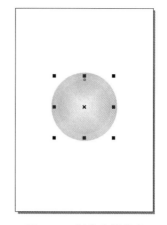

图3.84　填充效果　　　　　　图3.85　制作内部轮廓

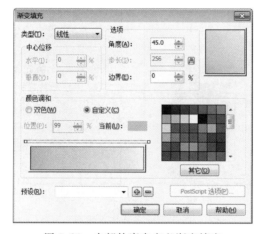

图3.86　内部轮廓自定义渐变填充

③ 设置交叉颜色效果。

在图3.86中颜色条上方出现有两个小方块，首先左键双击左边的小方块，出现可以调节颜色成分的三角，将其移动到位置为10%处，结果如图3.87（a）所示。接着左键双击右边的小方块，出现可以调节颜色成分的三角，结果如图3.87（b）所示，将其移动到位置为20%处，结果如图3.87（c）所示。交叉重复以上两个操作，结果如图3.87（d）所示。

制作效果如图3.88所示。

（3）制作核心镜面

① 复制得到两个相同的圆形，缩小上层的圆形，直径为60mm，两圆中心对齐，效果如图3.89所示。

② 设置核心镜面的填充效果。选取其中的"渐变式填充"，在弹出的"渐变填充"对话框中，将"颜色调和"选择为"自定义"，左边的起始渐变颜色为C：0、M：40、Y：80、K：0，右边的颜色为C：0、M：0、Y：20、K：0，如图3.90所示。设置效果如图3.91所示。

（4）导入图形标志，并调整图像大小，效果如图3.92所示。

（5）添加文字，效果如图3.93所示。

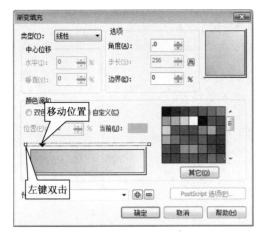
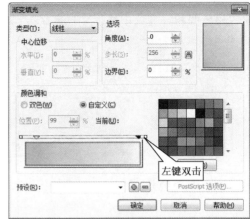

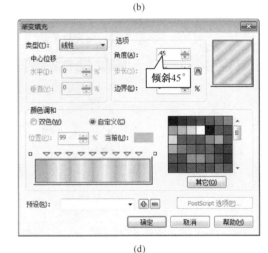

图 3.87 制作内部轮廓

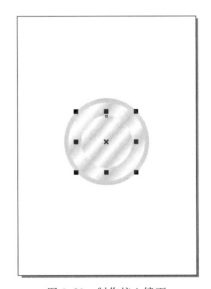

图 3.88 内部轮廓效果　　　　　图 3.89 制作核心镜面

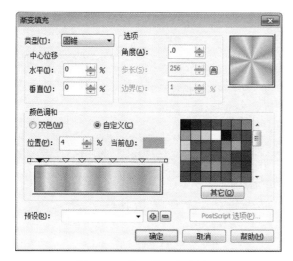

图 3.90　核心镜面渐变填充

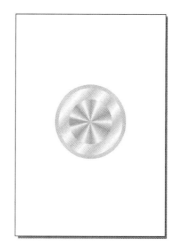

图 3.91　核心镜面设置效果

图 3.92　导入位图

图 3.93　制作效果

习题 3

一、填空题

1. 图像类型有两大类，分别为位图和矢量图，CorelDRAW 处理的图像类型为_____图像。
2. CorelDRAW 文件的扩展名为_____，模板的扩展名为_____。
3. CorelDRAW 处理图像采用的颜色模式为 CMYK，分别代表青、洋红、黄和_____，RGB 分别代表红、绿和_____。
4. 想创建一个与页面一样大小的长方形，最快的方法是_____。
5. 用_____键单击，可以给对象内部填充颜色，用_____键单击，可以给轮廓改变颜色，若想去掉轮廓色，可以用_____键单击调色板上的第一个按钮。
6. 若想改变矩形或椭圆的形状，应先将其转换成曲线，再用_____工具细致调整。
7. 用手绘工具绘制折线，需在不同的位置_____，用贝塞尔工具画折线，需在不同的位置_____。
8. 将两个对象结合时，颜色属性会变成一致，若用 Shift 键加单击，则使用最_____一个选中对象的属性，若用圈选法，新对象将使用最_____层对象的属性。
9. 镜像有两种，分别为水平镜像和垂直镜像，_____镜像左右对称，_____镜像上下对称。
10. 渐变分为线性渐变、射线渐变、圆锥渐变、方形渐变，要做光盘形象，用_____渐变。
11. 交互式变形工具可将对象变形的类型有推拉变形、拉链变形和_____。
12. 在推拉变形中向左拖动节点称为_____，可做出_____效果，向右拖动节称为_____，可做出_____效果。
13. 文本分为美术字文本和_____。

二、选择题

1. CorelDRAW 备份文件的后缀是（   ）。
   A. CDR　　　　　B. BAK　　　　　C. CPT　　　　　D. TMP

2. 对两个不相邻的图形执行焊接命令，结果是（   ）。
   A. 两个图形对齐后结合为一个图形　　　B. 两个图形原位置不变结合为一个图形
   C. 无反应　　　　　　　　　　　　　　D. 两个图形成为群组

3. 对段落文本使用封套，结果是（   ）。
   A. 段落文本转为美工文本　　　　　　　B. 文本转为曲线
   C. 文本框形状改变　　　　　　　　　　D. 无作用

4. 当两次单击一个物体后，可以拖动它四角的控制点进行（   ）。
   A. 移动　　　　　B. 缩放　　　　　C. 旋转　　　　　D. 推斜

5. 有多个对象选择时，要取消部分选定对象按（   ）键。
   A. Shift　　　　 B. Alt　　　　　 C. Ctrl　　　　　D. Esc

6. 位图的最小组成单位是（   ）。
   A. 10 个像素　　 B. 1/2 个像素　　 C. 一个像素　　　 D. 1/4 个像素

7. 单击选择多个对象，执行结合，所得到的对象属性是（   ）。
   A. 同最下面的对象　　　　　　　　　　B. 同最上面的对象
   C. 同最后选取的对象　　　　　　　　　D. 同最先选取的对象

8. 框选多个对象，执行对齐命令，结果是（   ）。
   A. 以最下面的对象为基准对齐　　　　　B. 以最上面的对象为基准对齐
   C. 以最后选取的对象为基准对齐　　　　D. 以最先选取的对象为基准对齐

9. 可以产生连续光滑曲线的工具是（   ）。
   A. 手绘　　　　　B. 贝塞尔　　　　C. 自然笔　　　　D. 压力笔

10. 创建美术字文本正确的是（   ）。
    A. 用文本工具在"绘图窗口"内单击开始输入
    B. 用文本工具在绘图区拖一个区域并开始输入
    C. 双击文本工具输入文字
    D. 在光标处直接输入

11. 能将做过交互式轮廓图的物体与轮廓对象独立分开的操作是（   ）。
    A. 取消群组　　　B. 拆分　　　　　C. 曲线化　　　　D. 解锁

12. 对一个美术字增加封套时（   ）对美术字变形。
    A. 可以　　　　　B. 不可以

13. 用鼠标单击一个物体时，它的周围出现的控制方块个数是（   ）。
    A. 4　　　　　　 B. 6　　　　　　 C. 8　　　　　　 D. 9

14. CorelDRAW 是否有还原命令？（   ）
    A. 有　　　　　　B. 没有

15. 在 CorelDRAW 中做"转换为位图"会造成（   ）。
    A. 分辨率损失　　B. 图像大小损失　C. 色彩损失　　　D. 什么都不损失

16. 要拆分合并对象，应该（   ）。
    A. 选定合并对象，排列/拆分　　　　　B. 鼠标右键/取消群组
    C. 点选 Shift 键，并单击群组对象　　 D. 鼠标右键/取消所有群组

17. "位图颜色遮罩"命令所在的菜单是（   ）。
    A. 颜色　　　　　B. 版面　　　　　C. 位图　　　　　D. 调整

18. 要加粗线条粗细，应选用的工具是（   ）。

A. 工具箱中的线条工具 B. 工具箱中的轮廓工具
C. 工具箱中的自由手工具 D. 工具箱中的填充工具
19. 要编辑箭头,应选用的工具是(   )。
A. 工具箱中自由手工具的箭头工具 B. 编辑菜单中的箭头工具
C. 效果菜单中的箭头工具 D. 工具箱中轮廓笔工具的箭头工具
20. 以下关于CorelDRAW中刻刀工具的说法,正确的是(   )。
A. 刻刀工具可以直接作用于位图
B. 刻刀工具可以对做过交互式轮廓的对象直接作用
C. 刻刀工具可以对没选中的物体直接起作用
D. 刻刀工具可以对做过交互式透明的对象直接作用

三、简答题

1. 在CorelDRAW中如何删除多余的页面?
2. 简述页面背景的设置方法。
3. 位图和矢量图的组成单位是什么?各有什么特点?
4. 如何用手绘工具绘制不规则的形状?
5. 用贝塞尔曲线工具绘制曲线时,应注意什么问题?
6. 如何将输入的文字转换成图形并制作特殊效果(如文字商标)?
7. 输入的文字如何绕某个路径形状排列?当删除路径时,文字会发生什么情况?

四、操作题

1. 制作五角星,效果如图3.94所示。使用工具:矩形工具、填充工具、轮廓工具、选择工具、星形工具。制作思路:实验先制作一个蓝色的背景,再绘制出一个光背景及五角星,最后对3个图形进行整合,制作步骤如图3.95所示。

图3.94 五角星

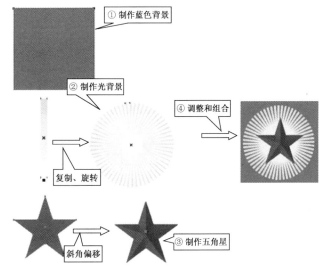

图3.95 五角星制作步骤

2. 根据自己的需求,制作一张个性化的名片。
3. 制作一张自己学校的宣传彩页,要求图文并茂。
4. 为自己熟悉的景区制作可折叠宣传彩页,要求图文并茂。
5. 为某家公司设计一枚胸牌。
6. 给自己设计个性印章。
7. 为某一公司设计一个商标。

第4章 数字音频技术

声音由振动而产生,通过空气进行传播。声音是一种波形,它由许多不同频率的谐波组成,谐波的频率范围称为声音的带宽(Bandwidth),带宽是声音的一项重要参数。多媒体技术处理的声音信号主要是人耳可听到的20~20kHz的音频信号,其中人的说话声音是一种特殊的声音,其频率范围为300~3400Hz,称为话音或语音。

4.1 数字音频概述

人耳是声音的主要感觉器官,人们从自然界中获得的声音信号和通过传声器得到的声音电信号等在时间和幅度上都是连续变化的,因此,幅度随时间连续变化的信号称为模拟信号(例如声波就是模拟信号,音响系统中传输的电流、电压信号也是模拟信号)。在记录音频信号时,是用无数个连续变化的磁场状态来记录的。

4.1.1 数字音频

数字音频是指用一连串二进制数据来保存的声音信号。这种声音信号在存储和传输及处理过程中,不再是连续的信号,而是离散的信号。关于离散的含义,可以这样去理解,比如说某一数字音频信号中,数据A代表的是该信号中的某一时间点a,数据B代表的是某一时间点b,那么时间点a和时间点b之间可以分多少个时间点,这个时间点的个数是固定的,而不是无限的。也就是说,在坐标轴上描述信号的波形和振幅时,模拟信号是用无限个点去描述的,而数字信号是用有限个点去描述的,如图4.1所示。

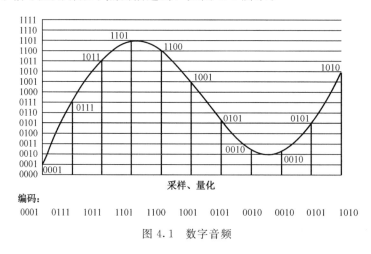

图 4.1 数字音频

4.1.2 音频数字化

声音是一种模拟信号。为了使用计算机进行处理,必须将它转换成数字编码的形式,这个过程称为声音信号的数字化。

要将声音信息输入计算机中，首先要做的工作是将声音的模拟信号转化为数字信号。数字化实际上就是将模拟信号经过采样、量化和编码，得到一些离散的数值。即连续时间的离散化通过采样来实现，如果每隔相等的一小段时间采样一次，则称为均匀采样；连续幅度的离散化通过量化来实现，把信号的强度划分成一小段一小段，如果幅度的划分是等间隔的，就称为线性量化，否则就称为非线性量化。所以将模拟声音数字化需要经过采样、量化、编码 3 个步骤。

模拟音频的数字化过程中，采样频率越高，越能真实地反映音频信号随时间的变化特性；量化位数越多，越能细化音频信号的幅度变化特性；编码即用二进制数码表示量化后的音频采样值。为减小数据量，通常使用压缩编码技术。

1. 采样

采样就是将时间连续的信号变成时间不连续的离散数字信号。

音频信号实际上是连续模拟信号，也称连续时间函数 $X(t)$。用计算机处理这些信号时，必须先将连续信号转换成数字信号，即按一定的时间间隔（T_s）取值，得到 $X(nT_s)$，其中 n 为整数。

采样频率是指将模拟声音波形数字化时，每秒所抽取声波幅度样本的次数，采样频率的计算单位是赫兹（Hz）。通常，采样频率越高，声音失真越小，但用于存储音频的数据量也越大。即采样就是在音频信号的连续曲线上选择一些离散点。怎样选择这些离散点，这与采样的频率有关。

采样频率的高低是根据奈奎斯特（Nyquist）理论和声音信号本身的最高频率决定的。也就是说，在进行模拟信号到数字信号的转换过程中，设连续信号 $X(t)$ 的最高频率分量为 F_m，以等间隔 T_s（T_s 称为采样间隔，$F_s=1/T_s$ 称为采样频率）对 $X(t)$ 进行采样，得到 $X_s(t)$。如果 $F_s \leqslant 2F_m$，则 $X_s(t)$ 保留了 $X(t)$ 的全部信息〔从 $X_s(t)$ 可以不失真地恢复出 $X(t)$〕。

奈奎斯特理论指出，采样频率不应低于声音信号最高频率的两倍，这样就能把以数字表达的声音还原成原来的声音，这称为无损数字化（Lossless Digitization）。

通常人耳能听到频率范围在 20Hz～20kHz 之间的声音，根据奈奎斯特理论，为了保证声音不失真，采样频率应在 40kHz 左右。常用的音频采样频率有 8kHz、11.025kHz（语音效果）、22.05kHz（音乐效果）、44.1kHz（高保真效果）等。

为了不产生失真，按照取样定理，语音信号的取样频率一般为 8kHz，音乐信号的取样频率应在 40kHz 以上。

2. 量化

采样所得到的声波上的幅度值，影响音量的大小，该值的大小需要用数字化的方法来调整。通常将对声波波形幅度的数字化表示称之为量化。量化时每个幅度值通常用与之最接近的量化等级取代，因此，量化之后，连续变化的幅度值就被有限量化等级所取代。即量化就是在幅度轴上将连续变化的幅度值用有限个位数的数字表示，将信号的幅度值离散化。

量化位数是每个采样点能够表示的数据范围，常用的有 8 位、12 位、16 位等，位数不同，量化值的范围也不同。计算机数字信号最终会用二进制数字表示，即"0"、"1"两个数字。那么对于 8 位量化位数，就有 $2^8=256$（0～255）个不同的量化值。同理，16 位量化位数则有 $2^{16}=65536$ 个不同的量化值，通常 16 位的量化级别足以表示从人耳刚听到最细微的声音到无法忍受的巨大的噪声这样的声音范围。同样，量化位数越高，表示声音的动态范围就越广，音质就越好，但是存储的数据量也越大。

在相同的采样频率下，量化位数越高，声音的质量越好。同样，在相同量化位数的情况下，采样频率越高，声音的效果也就越好。

3. 编码

编码就是按照一定的格式把经过采样和量化得到的离散数据记录下来，并在有效的数据中加入一些用于纠错同步和控制的数据。在数据回放时，可以根据所记录的纠错数据判断读出的声音数据是否有错，如果有错，可加以纠正。

4.2 音频压缩

音频信号是多媒体信息的重要组成部分。经过取样和量化后的声音，还必须按照一定的要求进行编码，即对它进行数据压缩，以减少数据量，并按某种格式将数据进行组织，以便于计算机存储、处理和在网络上进行传输等。

音频信号可分为电话质量的语言、调幅广播质量的音频信号和高保真立体声信号（如调频广播信号、激光唱片信号等）。对于不同类型的音频信号，信号的频率范围也不同。随着对音频信号音质要求的提升，信号频率范围也在逐渐扩大，然而描述信号的数据量也随之增加，因此必须对音频信号进行压缩。一般来讲，音频信号的压缩编码主要分为无损压缩编码和有损压缩编码两大类。有损压缩编码又分为波形编码、参数编码和同时利用这两种技术的混合编码。

数字音频压缩技术标准分为电话语音压缩、调幅广播语音压缩和调频广播及 CD 音质的宽带音频压缩 3 种。

在语音编码技术领域，各个厂家都在大力开发和推广自己的编码技术，使得语音编码领域编码技术产品种类繁多，兼容性差，各厂家的技术也难于尽快得到推广。所以，需要综合现有的编码技术，制定出全球统一的语言编码标准。自 20 世纪 70 年代起，国际电报电话咨询委员会（CCITT）和国际标准化组织（ISO）先后推出了一系列的语音编码技术标准。其中，CCITT 推出了 G 系列标准，而 ISO 则推出了 H 系列标准，这些压缩编码标准采用的仍然是基于语音波形预测的编码、压缩方法。根据压缩后数字语音信号的比特率，国际通信联盟语音压缩标准有 16kbps、32kbps 及 64kbps 三个不同的速率等级。

4.2.1 波形声音的主要参数

经过数字化的波形声音是一种使用二进制表示的一串比特流（Bit Stream），它遵循一定的标准或规范进行编码，其数据是按时间顺序组织的。

波形声音的主要参数包括取样频率、量化位数、声道数目、使用的压缩编码方法以及数码率（Bit Rate）。数码率也称为比特率，简称码率，它指的是每秒钟的数据量。数字声音未压缩前，其计算公式为

波形声音的码率＝取样频率×量化位数×声道数

压缩编码以后的码率则为压缩前的码率除以压缩倍数。

4.2.2 全频带声音的压缩编码

波形声音经过数字化之后数据量很大，特别是全频带声音。以 CD 盘片上所存储的立体

声高保真全频带数字音乐为例，1 小时的数据量大约是 635MB。为了降低存储成本和提高通信效率（降低传输带宽），对数字波形声音进行数据压缩是十分必要的。

波形声音的数据压缩也是完全可能的。其依据是声音信号中包含有大量的冗余信息，再加上还可以利用人的听觉感知特性，因此，产生了许多压缩算法。一个好的声音数据压缩算法通常应做到压缩倍数高、声音失真小、算法简单、编码器/解码器的成本低。

全频带数字声音的第一代编码技术采用的是 PCM（脉冲编码调制）编码，它主要依据声音波形本身的信息相关性进行数据压缩，代表性的应用是 CD 唱片。

第二代全频带声音的压缩编码不但利用了声音信息本身的相关性，而且还利用了人耳的听觉特性，即使用"心理声学模型"来达到大幅度压缩数据的目的，这种压缩编码方法称为感知声音编码（Perceptual Audio Coding）。

编码过程一般分为三个阶段。第一阶段通过时间/频率变换和心理声学分析，揭示原始声音中与人耳感知无关的信息，然后在第二阶段通过量化和编码予以抑制，在第三阶段再使用熵编码消除声音信息中的统计冗余。

4.2.3 几种常用的音频压缩格式

1. WAV 格式

WAV 格式是微软公司开发的一种声音文件格式，也称波形声音文件，是最早的数字音频格式，由于 Windows 本身的影响力，这个格式事实上已经成为通用的音频格式。WAV 记录的是声音本身，所以它占用的硬盘空间很大。

2. MIDI 格式

MIDI 是 Musical Instrument Digital Interface 的缩写，又称乐器数字接口，是数字音乐与电子合成乐器的统一国际标准。MIDI 文件本身只是一串数字信号而已，不包含任何声音信息，它记录的是音乐在什么时间用什么音色发多长的音等，把这些指令发送给声卡，由声卡按照指令将声音合成出来。正因为这样，通常的 MIDI 文件都非常小。

3. AIFF 格式

AIFF 是苹果电脑中的标准音频格式，属于 QuickTime（苹果公司提供的系统及代码的压缩包）技术的一部分。AIFF 远不如 WAV 流行，但由于苹果电脑在多媒体领域里的领先地位，所以大部分音频编辑软件和播放软件都对它提供了支持。

4. AU 格式

AU 是 UNIX 平台下一种常用的音频格式，起源于 Sun 公司的 Solaris 系统。AU 格式本身也支持多种压缩方式，但其文件结构的灵活性比不上 AIFF 和 WAV。由于 UNIX 平台应用较少，因而它得到的支持和应用也远不如 AIFF 和 WAV。

5. MP3 格式

MP3 是一种音频压缩技术，这种技术利用 MPEG Audio Layer 3 技术，将音乐以 1:10 甚至 1:12 的压缩率，压缩成容量较小的文件。MP3 能够在音质丢失很小的情况下把文件压缩到更小的程度，而且还非常好地保持了原来的音质。正是因为体积小、音质高的特点，使得 MP3 格式几乎成为网上音乐的代名词。每分钟音乐的 MP3 格式只有 1MB 左右大小，这样每首歌的大小只有 3~4MB。使用 MP3 播放器对 MP3 文件进行实时的解压缩（解码），就可以播放出高品质的 MP3 音乐。

6. WMA 格式

WMA 的全称是 Windows Media Audio，是微软公司在互联网音频领域力推的一种音频格式。WMA 格式是以减少数据流量但保持音质的方法来达到更高的压缩率为目的，其压缩率一般可以达到 1:18，生成的文件大小大约为 MP3 文件的一半。这对只装配 32MB 存储空间的机型来说是相当重要的，支持了 WMA 和 RA 格式，就意味着 32MB 的空间在无形中扩大了 2 倍。此外，WMA 还可以通过 DRM（Digital Rights Management）方案加入防止复制，或者加入限制播放时间和播放次数，甚至对播放机器的限制，可有力地防止盗版。

7. MP4 格式

MP4 与 MP3 之间其实并没有必然的联系，MP3 是一种音频压缩的国际技术标准，而 MP4 是一个商标的名称，它采用的音频压缩技术与 MP3 也不同。MP4 采用的是美国电话电报公司所研发的、以"知觉编码"为关键技术的音乐压缩技术，压缩率成功地提高到 15:1，最大可达到 20:1 而不影响音乐的实际听感，同时 MP4 在加密和授权方面也做了特色设计。

4.2.4 数字语音的压缩编码

语音信号的带宽是从 300～3400Hz，这是一种特殊的波形声音，它是人们交换信息的主要媒体。因此对数字语音进行专门的压缩编码处理，既十分必要也完全可能。

1. 常用的三类压缩编码

（1）波形压缩编码

数字语音可以采用像全频带声音那样的基于感觉模型的压缩方法（称为波形编码），例如国际电信联盟的 ITUG.711 和 G.721（如表 4.1 所示）采用的都是这样的方法，前者是 PCM 编码，后者是 ADPCM（自适应差分脉冲编码调制）编码。它们的码率虽然比较高（分别为 64kbps 和 32kbps），但能保证语音的高质量，且算法简单、易实现，在固定电话通信系统中得到了广泛应用。由于它们采用波形编码，便于计算机编辑处理，所以在多媒体文档中也被广泛使用，例如多媒体课件中教员的讲解、动画演示中的配音、游戏中角色之间的对白等。

（2）参数编码

数字语音的另一类压缩编码方法称为参数编码或模型编码，它使用一种所谓的"声源—滤波器"模型来模拟人的发声过程，从原始的语音波形信号中使用线性预测方法提取语音生成的参数，把这些参数作为该语音压缩编码的结果，因此码率很低，但声音质量较差，一般应用于保密通信。

（3）混合编码

这类语音压缩编码方法是上述两种方法的结合，称为混合编码。它们利用原始语音波形信号提取上述"声源—滤波器"模型中的声道参数与激励信号，并使使用这种激励信号产生的波形尽可能接近于原始语音的波形。采用此类方法后，码率为 4.8～16kbps，它既能达到高的压缩比，又能保证较好的语音质量。目前的移动通信和 IP 电话中，语音信号大多采用这种混合编码方法。

2. 三类音频编码标准

三类音频编码标准的详细内容，如表 4.1 所示。

表 4.1　三类音频编码标准

分　　类	标　　准	说　　明
电话语音	G.711	采样 8kHz，量化 8bit（位），码率 64kbps
	G.721	采用 ADPCM 编码，码率为 32kbps
	G.723	采用 ADPCM 有损压缩，码率为 24kbps
	G.728	采用 LD－CELP 压缩技术，码率为 16kbps
调幅广播	G.722	采样 16kHz，量化 14bit，码率 64kbps
高保真立体声	MPEG 音频	采样 44.1kHz，量化 16bit，码率为 705kbps

（1）电话语音压缩标准

电话质量语音信号频率规定在 300Hz～3.4kHz 范围内，采用标准的脉冲编码调制（PCM），主要有 CCITT 的 G.711（64kbps）、G.721（32kbps）、G.728（16kbps）等建议，用于数字电话通信。

（2）调幅广播（50Hz～7kHz）语音压缩标准

主要采用 CCITT 的 G.722（64kbps）建议，用于优质语音、音乐、音频会议和视频会议等。

（3）调频广播（20Hz～15kHz）及 CD 音质（20Hz～20kHz）的宽带音频压缩标准

主要采用 MPEG-1 或 MPEG-2 等建议，用于电影配音等。

$$数据率=采样频率（Hz）\times 量化位数（bit）\times 声道数（bit/s）$$
$$音频数据量=数据传输率\times 持续时间/Byte$$

例如，采样频率为 44.1kHz，量化为 16 位，双声道，则有

$$44.1\times 1000\times 16\times 2=1411.2kbps$$

要记录 1 分钟的音乐，就需要约 8.5MB 的存储容量，而要记录几十分钟的音乐就需要几百兆的存储容量。

3. 最新的音频编码

MPEG-1 声音压缩编码是国际上第一个高保真声音数据压缩的国际标准，它分为 3 个层次：层 1（Layer l）的编码较简单，主要用于数字盒式录音磁带；层 2（Layer 2）的算法复杂度中等，其应用包括数字音频广播（DAB）和 VCD 等；层 3（Layer 3）的编码最复杂，主要应用于互联网上的高质量声音的传输。最近几年流行起来的所谓"MP3 音乐"就是一种采用 MPEG-1 层 3 编码的高质量数字音乐，它能以 10 倍左右的压缩比降低高保真数字声音的存储量，使一张普通 CD 光盘上可以存储大约 100 首 MP3 歌曲。

MPEG-2 的声音压缩编码采用与 MPEG-1 声音相同的编译码器，层 1、层 2 和层 3 的结构也相同，但它能支持 5.1 声道（声卡其实有 6 个声道输出，其中有 1 个是超低音声道）和 7.1 声道（支持 4 个环绕声道、2 个主声道、1 个中音声道和 1 个低音声道的音频输出）的环绕立体声。

杜比数字 AC-3（Dolby Digital AC-3）是美国杜比公司开发的多声道全频带声音编码系统，它提供的环绕立体声系统由 5 个全频带声道加 1 个超低音声道组成，6 个声道的信息在制作和还原过程中全部数字化，信息损失很少，细节十分丰富，具有真正的立体声效果，在数字电视、DVD 和家庭影院中广泛使用。

为了在互联网环境下开发数字声音的实时应用，例如网上的在线音频广播、实时音乐点

播（边下载边收听），必须做到按声音播放的速度从互联网上连续接收数据，这一方面要求数字声音压缩后数据量要小，另一方面还要使声音数据的组织适合于流式传输，实现上述要求的媒体就称为"流媒体"。为此而开发的声音流媒体有 Real Networks 公司的 RA（Real Audio）数字音频、微软公司的 WMA（Windows Media Audio）数字音频等，它们都能直接从网络上播放音乐，而且可以随网络带宽的不同而调节声音的质量，在保证大多数人听到流畅声音的前提下，令带宽较富裕的听众获得较好的音质。

4.3 声音波形的编辑

在制作多媒体文档时，人们越来越多地需要自己录制和编辑数字声音。目前使用的声音编辑软件有多种，它们能够方便直观地对波形声音（WAV 文件）进行各种编辑处理。声音编辑软件一般包括如下功能。

1. 基本编辑操作

例如，声音的剪辑（删除、移动或复制一段声音，插入空白等），声音音量调节（提高或降低音量，淡入、淡出处理等），声音的反转，持续时间的压缩/拉伸，消除噪声，声音的频谱分析等。

2. 声音的效果处理

包括混响、回声、延迟、频率均衡、和声效果、动态效果、升降调等。

3. 格式转换功能

例如，将不同取样频率和量化位数的波形声音进行转换，将不同文件格式的波形声音进行相互转换，将 WAV 格式的声音与 MP3 格式的声音相互转换，将 WAV 音乐转换为 MIDI 音乐等。

4. 其他功能

如分轨录音、为影视配音、刻录 CD 唱片等。

习题 4

一、填空题

1. 一般来讲，声音具有 3 个基本特性，即频率、_____ 和波形。
2. 幅度随时间连续变化的信号称为 _____ 信号。
3. 数字音频是指用一连串 _____ 数据来保存的声音信号。
4. 将模拟声音数字化需要经过采样、_____、编码 3 个步骤。
5. 采样频率不应低于声音信号最高频率的 _____，这样就能把以数字表达的声音还原成原来的声音，这称为无损数字化。

二、简答题

1. 音频信号的压缩编码有哪些？
2. 常用的音频格式有哪些？各自的特点是什么？

第 5 章　数字音频编辑软件 Adobe Audition

Adobe Audition 软件提供了高级混音、编辑、控制和特效处理能力，是一个专业级的音频编辑工具软件，允许用户编辑个性化的音频文件，创建循环，最多可达 128 个音轨。

5.1　Adobe Audition 软件简介

Adobe Audition 软件的前身是专业编辑软件 CoolEditPro。CoolEditPro 是由美国 Syntrillium 软件公司研制的数字音频编辑软件。2003 年 5 月，Adobe 公司获得了该软件的开发与设计权。目前我国多数工作者使用的是 Adobe Audition 3.0 汉化版本。

5.1.1　Adobe Audition 的基本功能

（1）支持 VSTi 虚拟乐器，这意味着 Audition 由音频工作站变为音乐工作站。
（2）增强的频谱编辑器，可按照声像和声相在频谱编辑器里选中编辑区域，编辑区域周边的声音平滑改变，处理后不会产生爆音。
（3）增强的多轨编辑，可编组编辑，做剪切和淡化处理。
（4）新效果，包括卷积混响、模拟延迟、母带处理系列工具、电子管建模压缩。
（5）新增吉他系列效果器。
（6）可快速缩放波形头部和尾部，方便做精细的淡化处理。
（7）增强的降噪工具和声相修复工具。
（8）更强的性能，对多核 CPU 进行优化。
（9）波形编辑工具，拖曳波形到一起即可将它们混合，交叉部分可做自动交叉淡化。

5.1.2　Adobe Audition 的界面

当 Adobe Audition 软件启动起来后，其界面如图 5.1 所示。

1. 标题栏

左侧显示的是软件的图标"AU"和名称"Adobe Audition"，单击图标处会弹出快捷菜单，标题栏右侧显示有最小化、最大化/还原、关闭按钮。

2. 菜单栏

菜单栏上包含有"文件（F）"、"编辑（E）"等 9 个菜单名称，单击这些菜单名称时将弹出相应的下拉菜单。

3. 工具栏

工具栏上提供了菜单中经常使用的一些命令按钮，在不同的状态下显示的工具按钮会有所不同，但都有 3 个视图切换按钮，分别对应 Audition 中的 3 种视图：编辑视图、多轨视

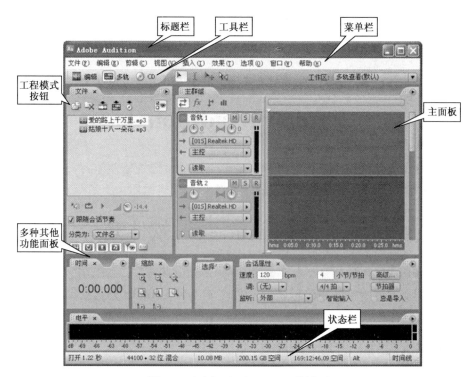

图 5.1 Adobe Audition 3.0 的界面

图和 CD 视图。

（1）编辑视图

编辑视图适用于单个声音素材的录制、剪辑和效果处理。

视图切换方法：单击菜单"视图"→"编辑视图"命令或单击工具栏中的"编辑"按钮。

（2）多轨视图

在多轨视图模式下可以同时编辑最多 128 个轨道的声音文件，也适合多轨混音。所谓多轨混音，就是将多个轨道上的声音经过一定的处理，最后同时播放的一种数字音频技术。

视图切换方法：单击菜单"视图"→"多轨视图"命令或单击工具栏中的"多轨"按钮。

（3）CD 视图

主要适用于与 CD 唱片有关的整体编辑、刻录 CD 等工作。

视图切换方法：单击菜单"视图/CD 视图"命令或单击工具栏中的"CD"按钮。

4．主面板

主面板是进行各种编辑和处理时应用的区域，包含库面板和轨道区。

（1）库面板

库面板位于主面板区域的左边，包括有"文件"、"效果"和"收藏夹"3 个面板，它们各自的作用如下。

"文件"面板：在该面板中可以打开或导入各种文件，方便用户对文件进行管理与访问。

"效果"面板：该面板中列出了 Audition 中所有可利用的声音特效，以便快速地选择并为波形或音轨添加声音特效。

"收藏夹"面板：在该面板中为用户提供了默认的效果或工具，也可以将用户经常使用的效果或工具收藏进来。

（2）轨道区

轨道区是进行音频波形的显示、编辑和处理工作时的主要区域。

5. 各种功能面板区

该面板区包含多种不同功能的面板，在不同界面下，显示的功能面板会有所不同。

改变面板大小的方法是：将鼠标放在面板间的空隙时，会出现双箭头标记，然后进行拖曳即可改变面板的大小。

移动面板位置的方法是：用鼠标按住面板的标签，进行拖动，即可改变面板的位置。如果将一个面板拖放到另一个面板上方时，另一个面板会显示出6部分区域，包括环绕面板四周的上、下、左、右4个区域、中心区域及标签区域。鼠标指向某个区域时，此区域高亮显示为目标区域，即将所拖动的面板放置在当前面板的目标区域。

6. 状态栏

在状态栏会显示一些关于工程的状态信息，如采样频率、当前占用空间及剩余空间等。

5.1.3 Adobe Audition 的启动和退出

1. Adobe Audition 软件的启动

（1）单击菜单"开始"→"程序"→"Adobe Audition"→"Adobe Audition"命令。

（2）双击桌面上的 Adobe Audition 快捷图标。

2. Adobe Audition 软件的退出

（1）在 Adobe Audition 应用程序窗口上，单击菜单"文件"→"退出"命令。

（2）使用快捷键 Ctrl+Q。

（3）在 Adobe Audition 应用程序窗口右上角，单击"关闭"按钮。

5.1.4 Adobe Audition 简单操作

1. 新建文件

选择菜单"文件"→"新建会话"，弹出"新建波形"对话框，如图5.2所示，在其中设置"采样率"、"通道"和"分辨率"选项，然后单击"确定"按钮。

2. 打开文件

选择菜单"文件"→"打开会话（O）"，弹出"打开会话"对话框，在其中选择打开音频文件的位置和文件名，然后单击"打开"按钮。

3. 保存文件

选择菜单"文件"→"保存（S）"，当打开的文件被修改之后，将以新内容取代旧内容。

4. 关闭文件

选择菜单"文件"→"关闭（C）"，关闭正在编辑的文件。

5. 音频文件播放控制

音频文件打开之后，就可以对其进行播放，播放功能按钮如图5.3所示。在"标准播放"、"圆环播放"等按钮上单击鼠标右键，可以弹出相应的快捷菜单，选择菜单项可以设置其对应的功能。

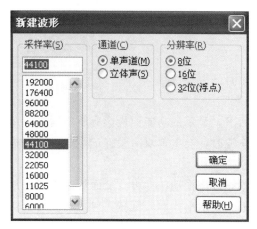

图 5.2 "新建波形"对话框

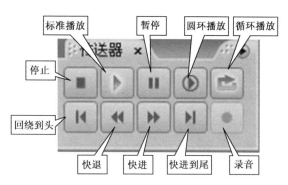

图 5.3 传送器工具按钮

5.2 录制音频文件

录制音频文件时有两种状态，一种是在"编辑"视图模式下进行单轨录音，另一种是在"多轨"视图模式下进行多轨录音。

5.2.1 在"编辑"视图模式下进行单轨录音

录音操作过程如下。

① 选择"文件"→"新建"命令，弹出"新建波形"对话框，如图 5.4 所示。

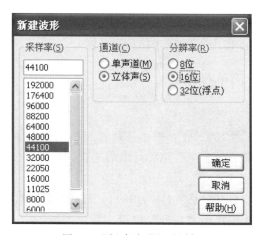

图 5.4 "新建波形"对话框

选择适当的采样频率、录音通道和分辨率。例如，用于 CD 音质，可选采样频率为 44100Hz，通道为立体声，分辨率为 16 位。

一般情况下，语音录音可选采样频率为 11025Hz，通道为单声道，分辨率为 8 位；音乐录音可选采样频率为 44100Hz，通道为立体声，分辨率为 16 位。

② 单击"传送器"工具栏中的红色"录音"按钮，开始录音。

③ 拿起话筒或播放 CD。

④ 完成录音后，单击"停止"按钮。

⑤ 保存音频文件。

5.2.2 在"多轨"视图模式下进行多轨录音

多轨录音是指利用音频软件，同时在多个音轨中录制不同的音频信号，然后通过混合获得一个完整的作品。多轨录音还可以将先录制好的一部分音频保存在一些音轨中，再进行其他声部或剩余部分的录制，最终将它们混合制作成一个完整的波形文件。

1. 音频硬件设置

单击"多轨"视图模式按钮，进入多轨视图模式界面。选择菜单"编辑"→"音频硬件设置"命令，打开"音频硬件设置"对话框，并按图5.5所示进行硬件设置。

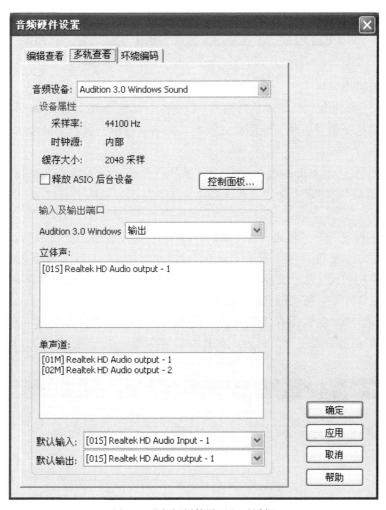

图5.5 "音频硬件设置"对话框

2. 多轨录音的音轨添加

在默认状态下，Audition为用户提供了6个音轨和1个主控轨。在编辑音频时，如果音轨的数量不能满足用户的需要时，还可以添加音轨。

选择菜单"插入"→"添加音轨"命令，打开"添加音轨"对话框，如图5.6所示。在"添加音轨"对话框中设置，单击"确定"按钮，关闭对话框。

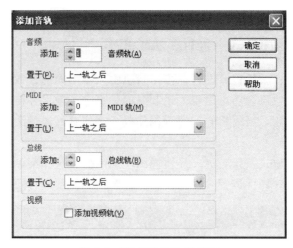

图 5.6 "添加音轨"对话框

3. 多轨录音操作过程

准备工作：下载伴音"洪湖水浪打浪"，文件名为"洪_水浪打浪伴奏_伴奏.wma"。

① 单击工具栏上的"多轨"视图模式按钮，或者直接单击键盘上的数字 9，进入"多轨视图"工作界面。

② 选择"轨道 1"，单击左上角"文件"工具栏中的"导入文件"按钮，导入完成后，单击"文件"工具栏中的第 4 个"插入进多轨会话"按钮。这时会在"轨道 1"主面板上显示波形图。

③ 选择"主群组"→"轨道 2"→"R"，弹出"保存会话为"对话框，在其中设置保存生成工程文件的位置和名称，单击"保存"按钮。注意：工程文件名的扩展名为.ses。"轨道 2"面板上的"R"表示录音备用按钮；"M"表示音轨静音；"S"表示独奏。

例如，文件名为"洪湖水浪打浪.ses"文件。

也可以在第③步之前先保存工程文件。选择"文件"→"保存会话（S）"菜单，弹出"保存会话为"对话框，如图 5.7 所示，在其中设置保存生成工程文件的位置和名称，单击"保存"按钮。

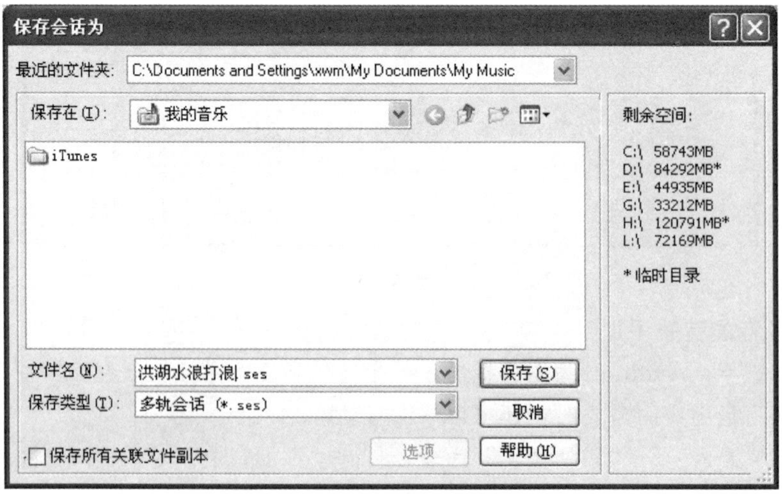

图 5.7 "保存会话为"对话框

④ 选择菜单"选项"→"Windows 录音控制台",对准备录入的信号源进行调整,如图 5.8 所示。

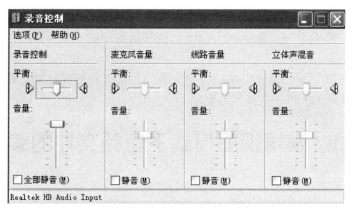

图 5.8 "录音控制"对话框

⑤ 单击"传送器"面板上的"录音"按钮,开始录音。录音结束后单击"传送器"面板上的"停止"按钮。录制好的文件将自动添加到"文件"面板中,同时保存到与工程文件同目录的文件夹中,生成音轨文件。

5.2.3 循环录音

循环录音只能在"多轨"视图模式下完成。所谓循环录音,是指在给定的范围内进行多次循环的录音,每次录音都将自动产生一个音频文件,最后从中找出一段最好的音频效果,替代原来的音频。

录音操作过程如下。

① 单击工具栏上的"时间选择工具",选取一段要循环录音的区域,或者在"选择"→"查看"面板上输入选择区域的精确位置。

② 选择录音轨道并单击"R 录音备用"按钮。

③ 鼠标右键单击"传送器"面板上的"录音"按钮,在快捷菜单中选择循环录音方式。这里选择"循环录音(查看或选区)"命令。

循环录音(查看或选区):在指定范围内循环录音。

循环录音(整个或选区):在从选择指针开始到之前录制音频文件结束的位置为止范围内的循环录音。

④ 再次单击"循环录音"按钮开始录音。系统不断重复在选定的区域进行录音。每次录音的结果都会产生一个文件,出现在"文件"面板中。

所有录制的音频文件都被自动放置到一个音频轨道上,单击工具栏上的"移动"→"复制剪切工具",将它们移动到不同的音频轨道上。

⑤ 单击"传送器"→"循环播放"按钮。分别单击每个轨道的"独奏"按钮,试听选出满意的录音文件。

5.2.4 穿插录音

穿插录音用于在已有的文件中重新插入新录制的片断。要求在"多轨"视图模式下进行。

① 单击工具栏上的"时间选择"工具，选取一段要补录的录音区域，也可以在"选择"→"查看"面板上输入选择区域的精确位置。

② 选择菜单"剪辑"→"穿插入"命令。这时该轨道的"录音备用"按钮自动处于激活状态。

③ 单击"传送器"→"录音"按钮开始录音。当选择指针经过选区时进行的是录音操作，当选择指针离开选区时录音操作结束。

5.3 编辑视图模式下音频文件的编辑

5.3.1 基本操作

使用 Adobe Audition 软件进行任何操作之前，首先都要选择需要处理的区域，然后再操作。如果不选择，软件则认为是对整个音频文件进行操作。

1. 选择声道文件中的波形

（1）选取单声道文件中的波形

方法一：使用键盘选取一段波形。

- 在开始时间处单击鼠标，然后按住 Shift 键＋左/右方向键进行选择。
- 在开始时间处单击鼠标，然后按住 Shift 键＋鼠标进行选择或调整选区的大小。

方法二：使用鼠标选取一段波形。

- 在开始时间处拖曳鼠标，直到结束点松开鼠标。
- 可以用鼠标移动"选取区域边界调整点"调整选区的大小。

方法三：使用时间精确定位。

- 在"选择"→"查看"面板中输入准确的开始时间和结束时间，在空白处单击或按 Enter 键完成选取。
- 在"选择"→"查看"面板中输入准确的时间长度，在空白处单击或按 Enter 键完成选取。

（2）选取立体声文件中的两个声道：L 为左声道，R 为右声道

方法一：使用鼠标选取一段波形。

注意：在拖曳过程中鼠标位置要保持在两个波形之间，才能同时选中左/右两个声道的波形。

方法二：使用工具栏控制。

选择"视图"→"快捷栏"→"显示"命令调出常用工具栏，按下"编辑双声道"按钮。

方法三：使用键盘或者时间精确定位。

此方法与单声道波形的选取操作相似。

（3）选取立体声文件中的一个声道

方法一：使用鼠标选取一段波形。

注意：如果要选取左声道中的某段波形，在拖曳过程中要保持在偏上方，此时鼠标处显示字母"L"，并且只有左声道的选取区域呈现高亮效果，右声道显示为灰色；相反，如果

要选取右声道中的某段波形，在拖曳过程中要保持在偏下方，此时鼠标处显示字母"R"，并且只有右声道的选取区域呈现高亮效果，左声道显示为灰色。

方法二：使用工具栏控制。

单击菜单"视图"→"快捷键栏"→"显示"命令，出现显示工具栏，其中有"编辑左声道"按钮、"编辑右声道"按钮和"编辑双声道"按钮。

方法三：使用快捷键控制。

按向上方向键，则选择左声道；按向下方向键，则选择右声道。

使用Shift+向左/右的方向键进行选择波形。

（4）选取全部波形

方法一：使用鼠标拖曳的方法，从头至尾选取全部波形。

方法二：单击菜单"编辑"→"选择整个波形"命令，可以选取全部波形。

方法三：使用快捷菜单，即在波形上单击鼠标右键，在快捷菜单中选择"选择整个波形"命令。

方法四：使用组合键Ctrl+A，也可以选取整个波形。

方法五：在波形文件上三击鼠标左键，可以选择整个波形。

方法六：在某处单击鼠标，不选取任何区域，系统默认编辑全部波形。

2. 删除声道文件中的波形

先选取要操作的区域，选择菜单"编辑"→"删除选定"命令或直接按Delete键就可删除当前被选择的音频片段，这时后面的波形自动前移。

3. 剪切声道文件中的波形

先选取要操作的区域，选择菜单"编辑"→"剪切"命令，则将当前被选择的片段从音频中移去并放置到内部剪贴板上。

4. 复制声道文件中的波形

先选取要操作的区域，选择菜单"编辑"→"复制"命令，则将选区复制到内部剪贴板上。也可以用快捷键Ctrl+C、工具栏或菜单栏的复制按钮。

5. 粘贴音频波形

先在音频波形中确定插入点，选择菜单"编辑"→"粘贴"命令，则将内部剪贴板上的数据插入到当前插入点位置。也可以用快捷键Ctrl+V、工具栏或菜单栏的粘贴按钮。

6. 粘贴到新文件

选择菜单"编辑"→"粘贴到新的"命令，可插入剪贴板中的波形数据创建一个新文件。

Adobe Audition提供了5个内部剪贴板，还有一个Windows剪贴板。如果在多个声音文件之间传送数据，可以使用5个内部剪贴板；如果于外部程序交换数据，可使用Windows剪贴板。

当前剪贴板只有一个，选定当前剪贴板的方法：选择菜单"编辑"→"剪贴板设置"命令。

7. 混合粘贴

利用Adobe Audition的编辑功能，可将当前剪贴板中的声音与窗口中的声音混合。选择菜单"编辑"→"混合粘贴"命令，选择需要的混合方式，如"插入"、"重叠（混合）"、"替换"、"调制"。混合前应先调整好插入点位置（黄线）。

所谓声音的混合，就是指将两个或两个以上的音频素材合成在一起，使多种声音能够同时听到，形成新的声音文件。

例如，对于"鼓掌狂呼.wav"音频文件，选择菜单"编辑"→"复制"命令，打开其他音频文件，设置插入点，选择菜单"编辑"→"混合粘贴"命令，即可形成一个新的声音文件。

5.3.2 视图模式下音频文件管理

1. 打开文件

（1）选择菜单"文件"→"打开会话（O）"命令，弹出"打开会话"对话框，在其中选择打开音频文件位置和文件名，然后单击"打开"按钮。

（2）选择菜单"文件"→"打开为（P）"命令，可以打开文件并转换成新的波形格式。在打开文件前弹出选择打开参数对话框，可以以新的采样频率等参数打开文件。

（3）选择菜单"文件"→"追加打开（D）"命令，可以将打开的文件添加到正在编辑的音频文件末尾，相当于把两个声音文件接在一起。

（4）选择音频文件直接双击。

2. 关闭文件

选择菜单"文件"→"关闭"命令，可以关闭当前波形显示区的文件。或选择菜单"文件"→"关闭全部"命令，关闭所有打开的文件和新建的波形文件。

3. 保存文件

（1）选择菜单"文件"→"保存（S）"，当打开的文件，被修改之后，会以新内容取代旧内容。

（2）选择菜单"文件"→"另存为副本（Y）"，将正在编辑的音频文件以另外一个文件名保存。

（3）选择菜单"文件"→"保存所选（T）"，将当前文件中选定的部分作为独立文件保存。

（4）选择菜单"文件"→"全部保存（A）"，将当前正在编辑的所有文件保存。

5.3.3 视图模式下音频文件的效果

选择菜单"窗口"→"效果"命令可以打开"效果"面板并使用其中的效果，或者选择菜单"效果"中的命令添加效果。

添加效果的方法和步骤如下。

选择要应用效果的波形区域，若不选，则对整个文件应用效果。

选择菜单"效果"中的相应效果命令，或者双击"效果"面板中的相应效果命令，在打开的对话框中进行参数的设置。在对话框中预览效果并确定。

1. 淡入与淡出

最初音量很小，渐渐加强，形成一种淡入、渐强的效果；反之，最初音量很大，最终音量相对较小，形成一种淡出、渐弱的效果。

淡入效果：使声音的音量由小逐渐变大；淡出效果：使声音的音量逐渐变小。

可以单击菜单"效果"→"振幅和压限"中的"振幅/淡化（进程）"命令来完成。也可以在波形图的左上角或右上角,拖动渐变控制按钮,通过向内拖动设置渐变的长度、向上向下拖动设置渐变的曲线。

2. 调整音量大小

在选中波形区域后,可以直接拖动"主群组"面板上出现的浮动音量调节按钮,调整选中区域的音量大小。

(1) 在编辑视图模式时,选中波形区域后,会出现浮动的音量调节按钮,如图 5.9 所示。

(2) 在多轨视图模式时,直接可以看到音量调节按钮,如图 5.10 所示。

(3) 可以利用菜单"效果"→"振幅和压限"→"标准化(进程)"命令,打开"标准化"对话框,在其中设置进行设置。

(4) 也可以利用菜单"效果"→"振幅和压限"→"放大"命令,打开"放大"对话框,在其中进行设置。

3. 消除环境噪声

在一段音频文件录制好后,可能会存在一些缺陷,这时就需要优化声音,优化声音的常用方法是降噪。环境噪声在语音停顿之处有一种振幅变化不大的声音,这个声音贯穿于录制声音的整个过程。

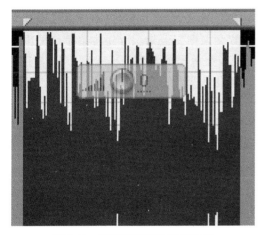

图 5.9　编辑视图音量调节按钮

图 5.10　多轨视图音量调节按钮

消除环境噪声的方法是,先在语音停顿的地方选取一段环境噪声,让系统记下这个噪声特性,然后通过相应的设置让 Audition 3.0 软件自动消除所有的环境噪声。

首先选取一段波形区域,选择菜单"效果"→"修复"→"采集降噪预制噪声"命令,Audition 自动捕获噪声特性,然后再选择菜单"效果"→"修复"→"降噪器",在弹出的降噪器面板中根据需要设置参数,或是使用默认参数,直接单击"确定"按钮,完成降噪处理。

5.4　多轨视图模式下音频文件的编辑

5.4.1　轨道的添加、删除和移动操作

1. 添加轨道

利用菜单"插入"→"音频轨"命令完成轨道的添加。

2. 删除轨道

选中要删除的音轨后，使用其快捷菜单中的"删除音轨"命令。

3. 移动轨道

移动鼠标到音轨名称的左边位置时拖动鼠标。

5.4.2 将音频文件插入到多轨视图模式下的音轨中

在多轨视图模式下，将音频文件插入到音轨中的常用方式如下：

（1）先将文件导入到"文件"面板中，选中文件后，单击"插入进多轨会话"按钮，将其插入到当前音轨的选择指针之后的位置。

（2）直接将"文件"面板中的文件选中，按住鼠标左键将其拖放至目标音轨的目标位置处。

（3）在多轨视图模式中，先选中某音轨，并设置选择指针的位置。然后选择菜单"插入"→"音频"命令。

5.4.3 多轨视图模式下的混音处理

1. 在多轨视图模式下为一个音频剪辑添加渐变效果

可以用鼠标拖动的方式完成淡入/淡出效果，也可以选择菜单"剪辑"→"剪辑淡化"中的相应命令。要在同一轨道中对重叠的音频剪辑设置交叉渐变效果，可先将菜单"剪辑"→"剪辑淡化"→"自动交叉淡化"选中，然后将两个音频剪辑放置到同一个音频轨道上，并使得它们有相交的区域，在相交处将自动产生交叉淡化效果。

2. 为不同轨道的音频剪辑添加渐变效果

将两个音频剪辑放置在不同音频轨道上，上一轨道的音频剪辑的尾部与下一轨道的音频剪辑的首部有重叠区域。将两个音频剪辑的重叠区域选中，再按住 Ctrl 键将两个音频剪辑同时选中，选择菜单"剪辑"→"淡化包络穿越选区"，其中有 4 种方式：线性、正弦、对数入和对数出。

5.4.4 多轨视图模式下为轨道添加音频效果

要在多轨视图模式下为轨道添加音频效果，可以分别通过"主群组"面板、"混音器"面板、"效果格架"对话框进行添加。

1. 在"主群组"面板中添加音频效果

单击"主群组"面板上方的"效果"按钮。

2. 在"混音器"面板中添加音频效果

选择菜单"窗口"→"混音器"命令，打开"混音器"面板，单击"显示或隐藏效果控制器"按钮，选择相应的按钮。

3. 在"效果格架"对话框中添加音频效果

先选中要添加音频效果的音频轨道，选择菜单"窗口"→"效果格架"命令，弹出"效果格架"对话框，在其中添加音频效果。

5.4.5 Adobe Audition 应用

这里以制作一首配音诗朗诵为例，介绍 Audition 各种基本功能的使用，使我们对音频处理的基本思想、过程和技巧有一个更直观的认识。

（1）准备好制作该音频文件的各种素材，即要录制的诗文内容和一段背景音乐。选择诗文内容是《再别康桥》，下载诗歌合适的背景音乐，这里选择"神秘园之歌"作为伴奏音乐。

启动 Audition 软件，单击"多轨"按钮，选择多轨视图模式。单击菜单"文件"→"新建会话"命令，选择采样频率，保存该会话，以"配音朗诵"为文件名。

（2）在多轨面板中，选择第一个音轨为录音音轨，单击其中的"R"按钮，对照准备好的诗文内容，单击传送器面板上的录音键，即可开始录音。录音完毕后，单击停止键。此时录音轨道呈现的是录音完成的诗文波形。

（3）单击传送器面板上的播放键，试听录音效果，如果不满意可以删除已录声波，重新录制。不需要重录的情况下则可以双击该录音轨道，进入单轨编辑状态，对所录声波进行一些基础的编辑或是添加需要的效果。

（4）如果录制声音过大或过小，可以单击菜单"效果"→"振幅和压限"→"放大"命令，在弹出来的对话框中通过设置预设效果和移动左右声道增降滑标进行适当调节。

（5）单击菜单"效果"→"修复"命令，选取适当的降噪方法。

一般情况可以使用采样降噪处理。首先选取一段波形区域，单击菜单"效果"→"修复"→"采集降噪预制噪声"命令，Audition 自动捕获噪声特性，然后再单击菜单"效果"→"修复"→"降噪器"，在弹出的降噪器面板中根据需要设置参数，或是使用默认参数，直接单击"确定"按钮，完成降噪处理。

（6）再次播放并试听，可以了解各段波形所对应的诗文内容，如果有一些不该出现的杂音或语气词，可以在波形图上用鼠标选取并单击右键将其剪切掉。然后可以复制波形前的一段静音区，然后粘贴在诗文的段落间隔处，增加诗文中的停顿。

（7）编辑完成后，可以根据具体情况的需要为诗文添加混响效果或回音效果，只需要单击菜单"效果"→"混响"命令或"效果"→"延迟和回声"命令，进行适当的调整。

（8）当录音文件编辑好后，单击"多轨"按钮，重新回到多轨视图模式状态。将准备好的背景音乐用鼠标拖入到第二个音轨当中，按住鼠标右键将其移到适当位置，然后按住鼠标左键选取背景音乐多余的部分，单击右键，在出现的菜单中选择删除即可。

（9）对背景音乐可以做淡入/淡出处理，使两段声音融合得更加自然。选择第二条音轨上的波形，用鼠标分别拖动其左上角和右上角的小方块，拖动时鼠标会显示淡入/淡出线性值。然后试听效果，调整小方块的位置直到满意为止，也可以单击音轨 2 上的"S"按钮，单独欣赏音乐的淡入淡出效果。

（10）再次聆听混合效果，调整音轨 1 和音轨 2 各自的音量，选择菜单"文件"→"保存会话"命令，保存当前会话。

（11）单击菜单"文件"→"导出"→"混缩音频"命令，弹出对话框，在其中选择保存位置、保存类型和保存名称等，单击"保存"按钮。

这样，一段配音诗朗诵文件就制作完成。保存后的混缩文件将会自动在单轨编辑模式下打开。

习题 5

一、填空题

1. 在多轨视图模式下可以同时编辑_____个轨道的声音文件，也适合多轨混音。

2. 编辑视图适用于_____声音轨道素材的录制、剪辑和效果处理。

3. 主面板是进行各种编辑和处理时应用的区域，包含库面板和_____区。

4. 录制音频文件时，可在两种状态下录制，一种是在"编辑"视图模式下进行单轨录音，另一种是在"_____"视图模式下进行多轨录音。

5. 一般情况下，语音录音可选：采样速度为_____Hz、通道为单声道、分辨率为8位；音乐录音可选：采样速度为44100Hz、通道为立体声、分辨率为16位。

6. 循环录音只能在"_____"视图模式下来完成。

7. 穿插录音用于在_____的文件中重新插入新录制的片断。

8. 使用 Adobe Audition 软件进行任何操作前，首先都要选择需要处理的_____，然后再操作。如果不选，软件则认为是对整个音频文件进行操作。

9. 选择菜单"文件"→"追加打开（D）"命令，可以将打开的文件添加到_____的音频文件末尾。

10. 淡入效果：使声音的音量由小逐渐变_____；淡出效果：使声音的音量由大逐渐变小。

二、操作题

1. 制作一首配音诗朗诵短片。

2. 为短片配音。

第 6 章　计算机动画制作技术

动画具备生动形象、简单明了、通俗易懂等特点，其概括性强并且不受观众文化层次与年龄段的影响，是一种深受大家喜爱、流行广泛的艺术形式。一些虚构的、很理想、很完美、很浪漫的内容都可通过动画来表现。

近年来，计算机动画制作技术得到了广泛应用，特别是在展现那些比较抽象的概念和涵义丰富的内容时，其表现力往往令人叹为观止。可以这么说，只要是人能想到的图像，均可以通过动画被轻松地表现出来。本章主要介绍动画的一些基本概念。

6.1　计算机动画概述

计算机动画技术是指借助于计算机技术生成一系列连续图像并可动态播放的计算机技术。计算机动画制作技术是采用图形与图像的处理技术，借助于编程或动画制作软件生成一系列连续的景物画面，其中当前帧是前一帧的部分修改。计算机动画技术综合利用了计算机科学、数学、物理学、绘画艺术等知识来生成绚丽多彩的连续的逼真画面。

6.1.1　动画概念

动画指动画技术，它是指把人、物的表情、动作、变化等分段画成许多静止的画面，每个画面之间都会有一些微小的改变，再以一定的速度（如每秒 16 帧）连续播放，给视觉造成连续变化的图画。

动画是一门幻想艺术，能直观表现和抒发人们的感情，可以把现实不可能看到的转为现实，扩展了人类的想象力和创造力。

在三维动画出现以前，对动画技术比较规范的定义是：采用逐帧拍摄对象并连续播放而形成运动的影像的技术。不论拍摄对象是什么，只要它的拍摄方式采用的是逐格方式，观看时连续播放形成了活动影像，它就是动画。

广义而言，把一些原先不活动的内容，经过制作与放映，变成活动的影像，即为动画。

1. 动画的原理

动画是借助于人眼的"视觉暂留"特性产生的。人眼在观察物体时，如果物体突然消失，这个物体的影像仍会在人眼的视网膜上保留一段很短的时间，这种视觉生理现象，称为"视觉暂留"。

例如，图 6.1 所示的柱子是圆的，但不仔细看就会看成是方的，而图 6.2 所示的图不仔细看会感觉是动的图。

再如，在屏幕上先呈现一条竖线，后在稍右处再呈现一条横线，若两条线出现的相隔时间小于 0.2s，则会看到竖线倒向横线的位置，这种现象就称为"似动现象"。

现代科学发现：视像从眼前消失之后，仍在视网膜上保留 0.1~0.4s 左右。电影依据"视觉暂留"原理，经过多次试验，以每秒 24 个画格的速度进行拍摄和放映，每个画格在观众眼前停留 1/32s，于是电影胶片上一系列原本不动的连续画面，放映后便变成了活动的影像。

图 6.1　柱子是圆的还是方的

图 6.2　是静的还是动的

2. 传统动画

动画有着悠久的历史，我国民间的走马灯和皮影戏就是动画的一种古老表现形式。国产动画片《大闹天宫》中"孙悟空"的形象闻名世界，"米老鼠"、"唐老鸭"等动画形象也深受大众的喜爱。

传统动画是由美术动画电影传统的制作方法移植而来的，始于 19 世纪，流行于 20 世纪。传统的动画画面的制作方式是手绘在纸张或赛璐珞片上，然后将这些画面（帧）按一定的速度拍摄后，制作成影像。由于大部分的动画作品都是用手直接绘制的，因此传统动画也被称为手绘动画或者是赛璐珞动画。

传统动画可分为平面动画和立体动画两大类，其中平面动画是在二维空间中进行制作的动画，立体动画是在三维空间中制作的动画。

（1）平面传统动画类型

传统平面动画主要有以下几类。

① 传统手绘动画

通过绘画线稿，使用动画片颜料在赛璐珞透明片上上色，然后进行拍摄、剪辑制作的动画，如中国的《大闹天宫》（见图 6.3）、日本的《千与千寻》、美国的《猫和老鼠》等。同样还有用油画棒、彩铅、水彩、炭笔、油彩、木刻等手绘技法表现的动画，如素描动画《种树的人》、油画动画《老人与海》、沙土动画《天鹅》，用胶片刻画的动画片《节奏》，装饰动画《鼹鼠的故事》等，这些都具有独特的视觉魅力。由于手绘动画制作周期较长，现在后期的上色、合成、剪辑、配音等制作部分逐渐被计算机动画所取代。

② 剪影片

剪影片源于剪影和影画，流行于 18 世纪和 19 世纪的一种黑白的单色人物侧面影像，同类型的还有通过光线照射到手上然后投射到墙壁上的手影动画。世界上的第一部剪影动画是 1916 年美国布雷动画片公司制作的《裁缝英巴特》，它由 C·阿伦·吉尔伯特绘制。1919 年德国人 L·赖尼格拍摄了《阿赫迈德王子历险记》、《巴巴格诺》、《卡门》等剪影片。图6.4所示的就是一个剪影动画片。

图6.3 手绘《大闹天宫》动画　　　　　　图6.4 剪影动画

③ 剪纸片

剪纸片来源于皮影戏,皮影戏是让观众通过白色布幕,观看一种平面偶人表演的灯影来达到艺术效果的戏剧形式,皮影戏中的平面偶人以及场面道具景物,通常是民间艺人手工刀雕彩绘而成的皮制品,故称之为皮影。皮影戏源于两千多年前的中国古代长安,盛行于唐、宋,至今仍在中国民间普遍流行,堪称中国民间艺术一绝。皮影的制作,最初是用厚纸雕刻,后来采用驴皮或牛羊皮刮薄,再进行雕刻,并施以彩绘,风格类似民间剪纸,手、腿等关节分别雕刻后再用线连缀在一起,能活动自如。中国最早的剪纸片是《猪八戒吃西瓜》、《狐狸打猎人》。图6.5所示是《狐狸送葡萄》剪纸片。

④ 水墨动画片

水墨动画片是中国艺术家创造的动画艺术新品种。它以中国水墨画技法作为人物造型和环境空间造型的表现手段,运用动画拍摄的特殊处理技术把水墨画形象和构图逐一拍摄下来,通过连续放映形成浓淡虚实活动的水墨画影像。图6.6所示是《小蝌蚪找妈妈》水墨动画片。

图6.5 《狐狸送葡萄》剪纸片　　　　　图6.6 《小蝌蚪找妈妈》水墨动画片

(2) 立体传统动画类型

立体传统动画主要有以下几类。

① 折纸动画

折纸动画是将硬纸片、彩纸折叠、粘贴，制作成各种立体人物和立体背景，然后采用逐格拍摄的方法拍摄下来，通过连续放映形成活动的影片。因为折纸动画都是用纸折叠而成的，因此就形成了折纸片轻巧、灵活、充满稚气的独特艺术特点，它体现出了人们心灵手巧的品质。折纸动画比较适合表现简短的童话故事。图6.7所示是我国首部三维立体折纸动画《折纸小兵》。

② 木偶动画

木偶动画是在借鉴木偶戏的基础上发展起来的，动画片中的木偶一般采用木料、石膏、橡胶、塑料、钢铁、海绵和银丝关节器制成，以脚钉定位。随着科技的发展，目前也有用瓷质、金属材料制成的木偶。拍摄时将一个动作依次分解成若干环节，用逐格拍摄的方法拍摄下来，通过连续放映还原为活动的形象。图6.8所示是《阿凡提的故事》木偶动画。

图6.7 《折纸小兵》折纸动画　　　　　图6.8 《阿凡提的故事》木偶动画

③ 黏土动画

黏土动画是定格动画的一种，它由逐帧拍摄制作而成。一部黏土动画的制作包括了脚本创意、角色设定和制作、道具场景制作、拍摄、合成等过程。黏土动画作品堪称是动画中的艺术品，因为黏土动画在前期制作过程中，很多依靠手工制作，手工制作决定了黏土动画具有淳朴、原始、色彩丰富、自然、立体、梦幻般的艺术特色。黏土动画是一种集合了文学、绘画、音乐、摄影、电影等多种艺术特征于一体的综合艺术表现形式。图6.9所示是黏土动画。

④ 针幕动画

针幕动画是由俄国人亚力山大·阿列塞耶夫所发明的特殊动画技巧。其原理是，将光线投射在由几千个细针组成的面板上，细针的运动形成了影像，把影像塑形之后拍摄下来，再以各种工具制作出光影层次、质感和立体感。图6.10所示是针幕动画。

图6.9　黏土动画　　　　　　　　　图6.10　针幕动画

（3）传统动画制作方法

传统动画制作方法有手绘动画和定格动画两大方式，其中定格动画是其主要采用的一种方法。

① 手绘动画

手绘动画由动画师用笔在透明的纸上绘制，将多张图纸拍成胶片放入电影机制作出动画。现代手绘动画一般采用扫描到计算机中上色合成。

② 定格动画

定格动画（也称逐帧动画）是通过逐格地拍摄对象，然后使之连续放映，从而产生仿佛活了一般的人物或能想象到的任何奇异角色。制作定格动画的最基本方法是利用相机作拍摄工具，为主要对象拍摄一连串的相片，每张相片之间为拍摄对象做小量移动，最后把整辑相片快速地连续播放。

传统动画的制作手段在如今已经被更为现代的扫描、手写板或计算机技术取代。但传统动画制作的原理却一直在现代的动画制作中延续。

3. 计算机动画

现代动画的制作方法主要是利用计算机动画软件，直接在计算机上绘制和制作动画，即计算机动画。计算机动画综合了计算机图形学特别是真实感图形生成技术、图像处理技术、运动控制原理、视频显示技术，甚至包括了视觉生理学、生物学等领域的内容，还涉及机器人学、人工智能、虚拟现实、物理学和艺术等领域的理论与方法。

计算机动画的原理与传统动画基本相同，也是采用连续播放静止图像的方法产生景物运动的效果。不过，计算机动画是在传统动画的基础上把计算机的图形与图像处理技术用于动画的处理和应用，从而可以达到传统动画所达不到的效果。

计算机动画技术具有制作功能全、效率高、色彩丰富鲜明、动态流畅自如等特点，这些为电视动画设计者提供了一个任其发挥想象的创作环境。

计算机动画所生成的是一个虚拟的世界，画面中的物体并不需要真正去建造，物体、虚拟摄像机的运动也不会受到什么限制，动画师几乎可以随心所欲地编织他的虚幻世界。

（1）计算机动画的发展

计算机动画的发展过程大体上可分为3个阶段。

20世纪60年代美国的贝尔实验室和一些研究机构就开始研究用计算机实现动画片中画面的制作和自动上色。这些早期的计算机动画系统基本上是二维辅助动画系统，也称为二维动画。1963年美国贝尔实验室编写了一个称为BEFLIX的二维动画制作系统，这个软件系统在计算机辅助制作动画的发展历程上具有里程碑的意义，这是第一个阶段。

第二个阶段是从20世纪70年代至80年代中期，这时期的计算机图形、图像技术的软/硬件都取得了显著的发展，使计算机动画技术日趋成熟，三维辅助动画系统也开始研制并投入使用。三维动画也称为计算机生成动画，其动画的对象不是简单地由外部输入，而是根据三维数据在计算机内部生成的。

1982年迪斯尼公司推出了第一部电脑动画电影，即Tron（中文片译为《电脑争霸》）。

1982—1983年间，麻省理工学院（MIT）及纽约技术学院同时利用光学追踪（Optical Tracking）技术记录人体动作；演员穿戴发光物体于身体的各部分，在指定的拍摄范围内移动，同时有数部摄影机拍摄其动作，然后经电脑系统分析光点的运动再产生立体活动影像。

第三个阶段是从 1985 年到目前为止的飞速发展时期，是计算机辅助制作三维动画的实用化和向更高层次发展的阶段。在这个阶段中，计算机辅助三维动画的制作技术有了质的变化，已经综合集成了现代数学、控制论、图形图像学、人工智能、计算机软件和艺术的最新成果，以至于有人说："如果想了解信息技术的发展成就，就请看计算机三维动画制作的最新作品吧！"。

1998 年放映的电影《泰坦尼克》中，船翻沉时乘客的落水镜头有许多是采用计算机合成的，从而避免了实物拍摄中的高难度、高危险动作。

（2）计算机动画的发展趋势

开发具有人的意识的虚拟角色的动画系统时，系统应具备以下能力：

① 虚拟角色自动产生自然的行为。

② 提高运动的复杂性和真实性：关节运动真实性，虚拟角色的手、面部等身体各部分行为的真实性。

③ 减少运动描述的复杂性。人物级上运动描述大型化、网络化、标准化。

最终目标是从自然语言描述的脚本开始由计算机自动产生动画，即智能化。

（3）计算机动画的分类

按动画的生成机制，计算机动画可划分为实时生成动画和帧动画两类。

实时生成动画（也称矢量型动画）：经过计算机运算而确定运行轨迹和形状的动画，由计算机实时生成并演播。

帧动画：在时间帧上逐帧绘制帧内容称为帧动画，帧动画是一幅幅在内容上连续的画面，是采用接近于视频的播放机制组成的图像或图形序列动画。

按画面对象的透视效果，计算机动画可划分为二维动画和三维动画两类。

二维动画：是平面上的画面，纸张、照片或计算机屏幕显示，无论画面的立体感多强，终究是在二维空间上模拟真实的三维空间效果。计算机二维动画的制作：输入和编辑关键帧，计算和生成中间帧，定义和显示运动路径，交互给画面上色，产生特技效果，实现画面与声音同步，控制运动系列的记录等。

三维动画：使画中的景物有正面、侧面和反面，调整三维空间的视点，能够看到不同的内容。计算机三维动画制作是根据数据在计算机内部生成的，而不是简单的外部输入。制作三维动画首先要创建物体模型，然后让这些物体在空间动起来，如移动、旋转、变形、变色，再通过打灯光等生成栩栩如生的画面。

按画面形成的规则和制作方法，计算机动画可划分为路径动画、运动动画和变形动画三类。

路径动画：指让每个对象根据指定的路径进行运动的动画，适合于描述一个实体的组合过程或分解过程，如演示或模拟某个复杂仪器是怎样由各个部件对象组合而成的，或描述一个沿一定轨迹运动的物体等。

运动动画：指通过对象的运动与变化产生的动画特效。

变形动画：将两个对象联系起来进行互相转化的一种动画形式，通过连续地在两个对象之间进行彩色插值和路径变换，可以将一个对象或场景变为另一个对象或场景。

（4）计算机动画设计与创意

① 计算机动画创意的概念

计算机动画是高科技与艺术创作的结合，它需要科学的设计和艺术的构思，这些在制作之前的方案性思考,称为创意。创意有宏观和微观两个层面。

宏观:指整个设计行动的统筹安排(战略策划高度)。

微观:指具体动画作品的意境构思及手法选择(小点子、小安排)。

② 动作的设计与创意

人物动作规律及设计如下。

人的走路动作:左右两脚交替向前;为了求得平衡,当左脚向前时左手向后摆动,当右脚向前时右手向后摆动。

人的奔跑动作:身体中心前倾,手臂成屈曲状,两手自然握拳,双脚的跨步动作幅度较大,头的高低变化也比走路动作大。

人的面部表情:面部的动作变化能体现人物的情绪和性格,但也更加复杂。

动物动作规律及设计如下。

鸟类:鸟越大,动作越慢;鸟越小,动作越快;翅膀越大,鸟躯干上下运动越明显。

兽类:四条腿的兽类在运动时,必须注意前腿动作如何与后腿动作相配合。如牛的右前腿向前时,右后腿在后;在右前腿向后时,右后腿向前。

自然物体规律及设计如下。

旋转物体:当物体抛向空中时,其重心沿抛物线运动,到顶点时速度减慢,下降时速度加快。

强调运动:为了强调运动,有时要加入一些视觉效果,如开枪射击时枪管突然后退,射击本身是通过很强烈的猛推效果和随枪管再冲向前时一股较慢的喷烟在视觉上展现的。

振动物体:

- 快速振动:弹簧片的振动。
- 柔性振动:旗帜的飘动。

(5) 计算机动画的应用

现在计算机动画的应用领域十分广泛,主要有动画片制作、影视与广告、电子游戏和娱乐、模拟演示、多媒体教学演示等。

4. 动漫

"动漫"是动画和漫画的合称与缩写。随着现代传媒技术的发展,动画和漫画之间联系日趋紧密,两者常被合称为"动漫"。

6.1.2 计算机动画的制作

现在动画的制作基本上都使用计算机动画技术来制作。用计算机进行角色设计、背景绘制、描线上色等具有操作方便、颜色一致、准确等特点,还具有检查方便、简化管理、提高生产效率、缩短制作周期等优点。

1. 平面动画制作

(1) 关键帧(原画)的产生

关键帧及背景画面,可以用摄像机、扫描仪、数字化仪实现数字化输入,用扫描仪输入铅笔原画,再用电脑生产流水线后期制作,也可以用相应软件直接绘制。

动画软件都会提供各种工具、方便绘图。这大大改进了传统动画画面的制作过程,可以随时存储、检索、修改和删除任意画面。传统动画制作中的角色设计及原画创作等几个步骤,一步就完成了。

(2) 中间画面的生成

利用计算机对两幅关键帧进行插值计算,自动生成中间画面,这是计算机辅助动画的主要优点之一。这不仅精确、流畅,而且将动画制作人员从烦琐的劳动中解放出来。例如,图 6.11 所示是一只鸟飞行的 8 个关键帧,中间的其他帧即可由计算机自动生成。

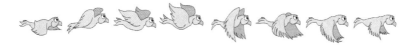

图 6.11　小鸟飞行的 8 个关键帧

(3) 分层制作合成

传统动画的一帧画面,是由多层透明胶片上的图画叠加合成的,这是保证质量、提高效率的一种方法,但制作中需要精确对位,而且受透光率的影响,透明胶片最多不超过 4 张。在动画软件中,也同样使用了分层的方法,但对位非常简单,层数从理论上说没有限制,对层的各种控制,像移动、旋转等,也非常容易。

(4) 着色

动画着色是非常重要的一个环节。电脑动画辅助着色可以解除乏味、昂贵的手工着色。用电脑描线着色界线准确、不需晾干、不会窜色、改变方便,而且不因层数多少而影响颜色,速度快,更不需要为前后色彩的变化而头疼。动画软件一般都会提供许多绘画颜料效果,如喷笔、调色板等,这很接近传统的绘画技术。

(5) 预演

在生成和制作特技效果之前,可以直接在电脑屏幕上演示一下草图或原画,检查动画过程中的动画和时限,以便及时发现问题并进行问题的修改。

(6) 库图的使用

动画中的各种角色造型及它们的动画过程,都可以存在图库中反复使用,而且修改也十分方便。在动画中套用动画,就可以使用图库来完成。

2. 三维动画的制作

在动画技术当中,最有魅力并应用最广的当然是三维动画。因为世界是立体的,只有三维才感到更真实。二维动画可视为三维动画的一个分支,它的制作难度及对电脑性能的要求都远远低于三维动画。

三维动画之所以被称为计算机生成动画,是因为参加动画的对象不是简单地由外部输入的,而是根据三维数据在计算机内部生成的,运动轨迹和动作的设计也是在三维空间中考虑的。

计算机三维动画的制作过程主要有建模、编辑质材、贴图、灯光、动画编辑和渲染几个步骤。

(1) 建模

建模就是利用三维软件创建物体和背景的三维模型,如人体模型、飞机模型、建筑模型等。一般来说,先要绘出基本的几何形体,再将它们变成需要的形状,然后通过不同的方法将它们组合在一起,从而建立复杂的形体。图 6.12 所示就是对人脸部的建模图。

(2) 编辑材质

编辑材质就是对模型的光滑度、反光度、透明度的编辑,如玻璃的光滑和透明、木料的低反光度和不透明等,都是在这一步实现的。如果经过这一步就直接渲染,可以得到一些漂亮的单色物体，如玻璃器皿和金属物体。

（3）贴图

我们现实生活中的物体并不都是单色的物体，人的皮肤色、衣着，无不存在着各种绚烂的图案。在三维动画中要做得逼真，也要将这些元素做出来，但直接在三维的模型上做出这种效果是难以实现的。所以一般都是将一幅或几幅平面的图像像贴纸一样贴到模型上，这就是贴图。图 6.13 所示就是对人脸部的贴图。

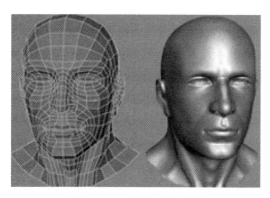

图 6.12　三维动画的建模

图 6.13　三维动画的贴图

（4）灯光

要在做好的场景中的不同位置放上几盏灯，从不同的角度用灯光照射物体，烘托出不同的光照效果。灯光有主光和辅光之分，主光的任务是表现场景中的某些物体的照明效果，一般需给物体投影，辅光主要是辅助主光在场景中进行照明，一般不开阴影。

（5）动画编辑

以上做出来的模型是静态的物体，要使其运动起来就要经过动画编辑。动画就是使各种造型运动起来，由于电脑有非常强的运算能力，制作人员所要做的是定义关键帧，中间帧交给计算机去完成，这就使人们可做出与现实世界非常一致的动画。

（6）渲染

三维建模和动画往往仅占全部动画制作过程中的一部分，大部分时间都花费在繁重的渲染工作中。渲染工作对处理器的处理性能有极强的依赖性。因此，为了获得更高的渲染性能，用户必须尽可能地使用更高性能和更多数量的处理器。

制作三维动画涉及范围很广，从某种角度来说，三维动画的创作有点类似于雕刻、摄影、布景设计及舞台灯光的使用，动画设计者可以在三维环境中控制各种组合，调用光线和三维对象。

6.2　常用动画软件

计算机动画的关键技术体现在计算机动画制作软件及硬件上。计算机动画制作软件目前很多，不同的动画效果，取决于不同的计算机动画软、硬件的功能。虽然制作的复杂程度不同，但动画的基本原理是一致的。

制作动画的计算机软件包括二维动画制作软件和三维动画制作软件两大类，而每种软件又都按自己的格式存放建立的动画文件。

6.2.1 二维动画软件

1. Animator Studio

Animator Studio 是基于 Windows 系统下的一种集动画制作、图像处理、音乐编辑、音乐合成等多种功能于一体的二维动画制作软件。Animator Studio 可读写多种格式的动画文件,如 AVI、MOV、FLC 和 FLI 等,还可以读写多种静态格式的图形文件,如 BMP、JPG、TIF、PCX 和 GIF 等。只要使用 File 菜单的 Save As 项,就可实现动画文件格式的转换和静态文件格式的转换,还可以将动画文件转换为一系列静态图像文件。Animator Studio 的绘画工具功能很强,有徒手绘画工具、几何绘画工具。此外,它还提供了 20 多种颜料,最有特色的是 Filter 颜料。

2. Animation Stand

Animation Stand 是一个流行的二维卡通软件,全球最大的卡通动画公司如沃尔特、华纳兄弟、迪斯尼和 Nckelodeon 等,皆曾采用 Animation Stand 作为二维卡通动画的制作软件。Animation Stand 的功能包括:多方位摄像控制、自动上色、三维阴影、音频编辑、铅笔测试、动态控制、日程安排表、笔画检查、运动控制、特技效果、素描工具等,并可以简易地输出成胶片、HDTV、视频、QuickTime 文件等。

3. Flash

Flash 是交互动画制作工具,在网页制作及多媒体课程中被广泛应用,是优秀的二维动画制作工具软件。Flash 的动画效果不再是单纯的反复运动,而是可以在画面里进行菜单选择和操作以及播放声音文件。

特点:首先,它是基于矢量的图形系统,各元素都是矢量的,只要用少量矢量数据就可以描述一个复杂的对象,占用的存储空间只是位图的几千分之一,非常适合于在网络上使用。同时,矢量图像可以做到真正的无级放大,这样,无论用户的浏览器使用多大的窗口,图像始终可以完全显示,并且不会降低画面质量。

其次,Flash 使用插件方式工作。用户只要安装一次插件,以后就可以快速启动并观看动画。由于 Flash 生成的动画一般都很小,所以调用的时候速度很快。

Flash 通过使用矢量图形和流式播放技术克服了目前网络传输速度慢的缺点。基于矢量图形的 Flash 动画尺寸可以随意调整缩放,并且文件很少,非常适合在网络上使用。

Flash 支持动画、声音及交互功能,具有强大的多媒体编辑能力,并可直接生成主页代码。Flash 通过妙巧的设计也可制作出色的三维动画。由于 Flash 本身没有三维建模功能,为了做出更好的三维效果,可在 Adobe Dimensions 软件中创建三维动画,再将其导入 Flash 中合成。

4. GIF

GIF 就是图像交换格式(Graphics Interchange Format),它是 Internet 上最常见的图像格式之一,具有以下几个特点:

- GIF 文件可以制作动画。
- GIF 只支持 256 色以内的图像。
- GIF 采用无损压缩存储,在不影响图像质量的情况下,还可以生成很小的文件。
- GIF 支持透明色,可以使图像浮现在背景之上。

GIF 文件的制作方法如下。

首先，要在图像处理软件中做好 GIF 动画中的每一幅单帧画面，然后再用专门的制作 GIF 文件的软件把这些静止的画面连在一起，再定好帧与帧之间的时间间隔，最后保存为 GIF 格式即可。

Ulead GIF Animator 是一个简单、快速、灵活且功能强大的 GIF 动画编辑软件，同时也是网页设计辅助工具，还可以作为 Photoshop 的插件使用，具有丰富而强大的内置动画选项。它可制作出真彩色环境下的 GIF 动画，得到色彩斑斓的动画，动画制作完成后，Ulead GIF Animator 可以将其导出为 GIF 动画文件、单独的 GIF 图像文件序列、HTML 文件、FLC/FLI/FLX 格式的动画文件、QuickTime/AVI 视频文件以及可用 E-mail 发送的动画文件包。动画文件包可以脱离浏览器，在桌面上直接播放动画，并且能够添加消息框、声音文件和文字信息。

5. Adobe ImageReady 和 Adobe Premiere

Adobe ImageReady 和 Adobe Premiere 基本相似，功能大同小异，是通过在不同的时间显示不同的图层来实现动画效果的。比起 Flash，操作更为直观和简便，只要掌握好图层的编辑方法和不同帧的相关控制要领就能轻松编辑动画，可用于普通的动态网页制作及较复杂的影视广告的后期制作。而对于 Flash 来说，就要有较为精湛的制作技术才能运用自如。

6.2.2 三维动画制作软件

1. 3D Studio Max

Autodesk 公司推出的 3D Studio Max 是在 Windows 下运行的三维动画软件。3D Studio Max 为专业的三维电影电视设计，同时兼顾交互游戏的设计及其他方面的应用。对于工程设计师来说，3D Studio Max 在其静态渲染、动态漫游、产品仿真及实现虚拟现实的过程中起着越来越大的作用。

3D Studio Max 可以直接支持中文，将 3D Studio Max 原有的 4 个界面合并为一，使二维编辑、三维放样、三维造型、动画编辑的功能切换十分方便。3D Studio Max 新引入编辑堆栈的概念，它比撤销操作方便之处就是可以直接列出以前的每一步编辑操作，直接返回过去的操作，改变其中的各项参数。新提供了参数化设计概念，所有的基本造型及修改都由精确的参数控制。

由于 3D Studio Max 功能强大，并较好地适应 PC 用户众多的需求，被广泛运用于三维动画设计、影视广告设计、室内外装饰设计等领域。

3D Studio Max 支持许多图形存储格式，如 GIF、BMP、TGA、ICO、3DS 和 DXF 等，利用这一特性，用户可用各种自己熟悉的工具制作出这些图形文件，再进入 3D Studio Max 进行动画编辑。3D Studio Max 的彩色动画序列存储文件格式为 FLIC（FLIC 包括 FLI 和 FLC 两种类型）。

2. Maya

Maya 是 Alias/Wavefront 公司在 1998 年推出的三维动画制作软件。

Maya 提供了适用于 Windows、Mac、Linux 等不同平台的版本，还可在 SGI IRIX 操作系统上运行，广泛用于专业的影视广告、角色动画、电影特效特技等领域。Maya 具有功能完善、操作灵活、易学易用、制作效率极高、渲染真实感极强等特点。Maya 能极大地提高制作效率和品质，调节出仿真的角色动画，渲染出电影一般的真实效果。Maya 集成了最先进的动画及数字效果技术，它不仅包括一般三维和视觉效果制作的功能，而且还与最先进的建模、数字化布料模拟、毛发渲染、运动匹配等技术相结合。

Maya 的主要特性如下。

(1) 采用节点框架，可即时修改和描述动画并能记忆制作动程。提供关键帧和程序动画的制作工具，可以迅速而容易地设定驱动键，提高工作效率。

(2) 用新的技术代替传统的关键帧创造复杂动画，可复合多层动画路径成单一结果，并以简单曲线操控由 Motion Capture 产生的密集曲线。

(3) 提供理想的肌肉、皮肤和衣服动画制作工具，同时可生成自然景观。

(4) 支持复杂的动态交互功能。

(5) 在建造模型方面，提供完整的制作模型工具、变形工具箱、编织曲面。

(6) 在上色方面，提供了选择式光学追踪法、模拟各种透镜、灯光效果，如闪光、云雾、逆光、眩光等。

Maya 是为影视创作应用而开发的，除了影视方面的应用外，Maya 在三维动画制作、影视广告设计、多媒体制作甚至游戏制作领域都有很出色的表现。

3. LightWave 3D

由美国 NewTek 公司开发的 LightWave 3D 也是一款高性价比的三维动画制作软件。LightWave 3D 被广泛应用在电影、电视、游戏、网页、广告、印刷、动画等领域。它的操作简便，易学易用，在生物建模和角色动画方面功能异常强大，基于光线跟踪、光能传递等技术的渲染模块，令它的渲染品质几尽完美。

4. Cool 3D

Cool 3D 是 Ulead 公司出品的一个专门制作文字三维效果的软件，可以用它方便地生成具有各种特殊效果的三维动画文字。Cool 3D 的主要用途是制作网页上的动画，它可以把生成的动画保存为 GIF 和 AVI 文件格式。

6.2.3 计算机动画的常用格式

计算机动画的常用格式有如下几种。

(1) FLC 格式：Animator Pro 生成的文件格式。每帧 256 色，画面分辨率为 $320 \times 200 \sim 1600 \times 1280$，代码效率高、通用性好，大量用在多媒体产品中。

(2) AVI 格式：视频文件格式，动态图像和声音同步播放。受视频标准制约，画面分辨率不高。

(3) GIF 格式：用于网页的帧动画文件格式。单画面图像，256 色，分辨率 96dpi；多画面图像（动画），256 色，96dpi。

(4) SWF 格式：Flash 制作的动画文件格式，主要在网络上演播，其特点是数据量小、动画流畅。

习题 6

一、填空题

1. 图 6.14 所示的图中有_____个黑点。

2. 视像从眼前消失之后，仍在视网膜上保留_____秒左右。

3. 动画是借助于人眼的"_____"特性而产生的。

图 6.14 视觉暂留现象示例图

4. 水墨动画片以_____作为人物造型和环境空间造型的表现手段，运用动画拍摄的特殊处理技术把水墨画形象和构图逐一拍摄下来，通过连续放映形成浓淡虚实活动的水墨画影像。

5. 因为折纸动画都是用纸折叠而成的，因此就形成了折纸片_____的独特艺术特点，它体现出了人们心灵手巧的品质。

6. 黏土动画作品堪称是动画中的艺术品，因为黏土动画在前期制作过程中，很多依靠手工制作，手工制作决定了黏土动画具有_____的艺术特色。

7. 定格动画（也称逐帧动画）是通过_____地拍摄对象然后使之连续放映，从而产生仿佛活了一般的人物或能想象到的任何奇异角色。

8. 计算机动画所生成的是一个虚拟的世界，画面中的物体_____建造，物体、虚拟摄像机的运动也不会受到什么限制，动画师几乎可以随心所欲地编织他的虚幻世界。

9. Flash 通过使用_____和_____技术克服了目前网络传输速度慢的缺点。

10. Flash 支持动画、声音及_____功能，具有强大的多媒体编辑能力，并可直接生成主页代码。

二、选择题

1. (　　) 不是平面传统动画的类型。
   A. 剪纸片　　　　B. 剪影片　　　　C. 折纸动画　　　　D. 水墨动画

2. (　　) 不是立体传统动画的类型。
   A. 木偶动画　　　B. 黏土动画　　　C. 针幕动画　　　　D. 传统手绘动画

3. 图 6.15 所示是《阿凡提的故事》，它是 (　　)。
   A. 黏土动画　　　B. 木偶动画　　　C. 手绘动画　　　　D. 折纸动画

4. 图 6.16 所示是《小羊肖恩》动画，它是 (　　)。
   A. 黏土动画　　　B. 木偶动画　　　C. 手绘动画　　　　D. 折纸动画

图 6.15 《阿凡提的故事》动画　　　　图 6.16 《小羊肖恩》动画

5. 按画面形成的规则和制作方法划分，计算机动画为三类动画，以下列出类型中（　　）不是三类动画之一。
   A. 路径动画　　　　B. 折叠动画　　　　C. 变形动画　　　　D. 运动动画
6. 以下（　　）不是三维动画制作软件。
   A. 3D Studio Max　　B. Maya　　　　　C. Flash CS5　　　D. Cool 3D
7. 下面只支持256色以内的图像格式是（　　）。
   A. .jpg　　　　　　B. .gif　　　　　　C. .bmp　　　　　D. .swf
8. 下面（　　）是一个专门制作文字三维效果的软件。
   A. 3D Studio Max　　B. Maya　　　　　C. Flash CS5　　　D. Cool 3D

三、简答题

1. 动画产生的原理是什么？
2. 剪纸动画的特点是什么？
3. 木偶动画一般采用什么材料制作？
4. 简述计算机动画创作的特点及其应用范围。
5. 简述计算机三维动画的制作过程？

第 7 章　动画编辑软件 Flash CS5

计算机动画已开始渗透到人们生活的方方面面。计算机生成的动画是虚拟的世界，画面中的物体并不需要真正去建造。现在仅需在计算机上安装简单易用的动画编辑软件，就可以把自己的独特创意付诸于动画，并通过互联网传遍世界。本章主要介绍用 Flash CS5 制作矢量动画的基本技术。

7.1　Flash CS5 简介

Adobe Flash Professional CS5 是一个创作工具，它可以创建出演示文稿、应用程序及支持用户交互的其他内容。Flash 项目可以包含简单的动画、视频内容、复杂的演示文稿、应用程序以及介于这些对象之间的任何事物。使用 Flash 制作出的具体内容就称为应用程序（或 SWF 应用程序），尽管它们可能只是基本的动画。可以在制作的 Flash 文件中加入图片、声音、视频和特殊效果，创建出包含丰富媒体的应用程序。

SWF 格式十分适合在 Internet 上使用，因为它的文件很小，这是因为它大量使用了矢量图形。与位图图形相比，矢量图形的内存和存储空间要求都要低得多，因为它们是以数学公式而不是大型数据集的形式展示的。位图图形较大，是因为图像中的每个像素都需要一个单独的数据进行展示。

要用 Flash 创建动画，首先就要了解它的工作界面，了解一些基本的概念，如舞台、时间轴、图层、帧与关键帧等。

7.1.1　Flash CS5 工作界面

1. 建立 Flash CS5 文档

启动 Flash CS5 后，首先出现的是如图 7.1 所示的界面，在该界面中，提供了以下两种建立文档的方法。

（1）从模板创建

这是以模板方式建立文档。方法是：在开始界面（见图 7.1）中，选择"从模板创建"栏下的某一个模板命令项。

（2）新建文档

这种方法建立的是一个空文件，具体内容由用户自己设计。方法是：在开始界面中，选择"新建"栏下的某一个命令项（如"ActionScript 3.0"），即可创建一个默认名称为"未命名-1"的 .fla 空文档。

注意：ActionScript 代码允许为文档中的媒体元素添加交互性，例如可以添加代码，当用户单击某个按钮时此代码会使按钮显示一幅新图像。也可以使用 ActionScript 为应用程序添加逻辑。逻辑使应用程序能根据用户操作或其他情况表现出不同的行为。创建 ActionScript 3 或 Adobe AIR 文件时，Flash Professional 使用 ActionScript 3，创建 ActionScript 2 文件时，使用 ActionScript 1 和 2。

图 7.1　Flash CS5 开始界面

2．工作界面

在"新建"命令列表中选择一项（如"ActionScript 3.0"），就可进入 Flash CS5 的工作界面（见图 7.2）。

图 7.2　Flash CS5 工作界面

Flash CS5 的工作界面主要由舞台、工具箱、时间轴、属性、库面板 5 个主要部分组成，其作用如下：

- "舞台"：图形、视频、按钮等在回放过程中显示在舞台上。
- "时间轴"控制影片中的元素出现在舞台中的时间。也可以使用时间轴指定图形在舞台中的分层顺序，高层图形显示在低层图形上方。

- "工具箱"面板包含一组常用工具,可使用它们选择舞台中的对象和绘制图形。
- "属性"面板显示有关任何选定对象的可编辑信息。
- "库"面板用于存储和组织媒体元素和元件。

7.1.2 Flash CS5 时间轴、图层和帧

Flash CS5 时间轴、图层和帧界面如图 7.3 所示。时间轴用于组织和控制文档内容在一定时间内播放的图层数和帧数。与胶片一样,Flash 文档也将时长分为帧。时间轴的主要组件是图层、帧和播放头。

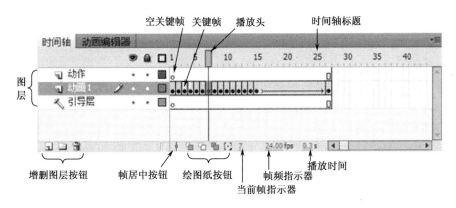

图 7.3 Flash CS5 的时间轴、图层和帧界面

1. 时间轴

时间轴顶部的"时间轴标题"指示帧编号。"播放头"指示当前在舞台中显示的帧。播放 Flash 文档时,播放头从左向右通过时间轴。时间轴状态显示在时间轴的底部,它指示所选的帧编号、当前帧频及到当前帧为止的运行时间。

2. 图层

图层在时间轴左侧(见图 7.3),每个图层中包含的帧显示在该图层名右侧的一行中,图层就像透明的醋酸纤维薄片一样,在舞台上一层层地向上叠加。图层可以组织文档中的插图,可以在图层上绘制和编辑对象,而不会影响其他图层上的对象。如果一个图层上没有内容,那么就可以透过它看到下面的图层。要绘制、上色或者对图层或文件夹进行修改,需要在时间轴中选择该图层以激活它。时间轴中图层或文件夹名称旁边的铅笔图标表示该图层或文件夹处于活动状态。一次只能有一个图层处于活动状态(尽管一次可以选择多个图层)。

当文档中有多个图层时,跟踪和编辑一个或多个图层上的对象可能很困难。如果一次处理一个图层中的内容,这个任务就容易一点。若要隐藏或锁定当前不使用的图层,可在时间轴中单击图层名称旁边的"眼睛"或"挂锁"图标。

3. 帧

在时间轴中,使用帧来组织和控制文档的内容。不同的帧对应不同的时刻,画面随着时间的推移逐个出现,就形成了动画。帧是制作动画的时间和动画中各种动作的发生,动画中帧的数量及播放速度决定了动画的长度。最常用的帧类型有以下几种。

(1)关键帧

制作动画过程中,在某一时刻需要定义对象的某种新状态,这个时刻所对应的帧称为关

键帧，如图 7.3 所示。关键帧是画面变化的关键时刻，决定了 Flash 动画的主要动态。关键帧数目越多，文件体积就越大。因此对于同样内容的动画，逐帧动画的体积比补间动画大得多。

实心圆点是有内容的关键帧，即实关键帧。无内容的关键帧，即空白关键帧，用空心圆点表示。每层的第 1 帧被默认为空白关键帧，可以在上面创建内容，一旦创建了内容，空白关键帧就变成了实关键帧。

（2）普通帧

普通帧也称静态帧，在时间轴上显示为一个矩形单元格。无内容的普通帧显示为空白单元格，有内容的普通帧显示出一定的颜色。例如，静止关键帧后面的普通帧显示为灰色。

关键帧后面的普通帧将继承该关键帧的内容。例如，制作动画背景，就是将一个含有背景图案的关键帧的内容沿用到后面的帧上。

（3）过渡帧

过渡帧实际上也是普通帧。过渡帧中包括了许多帧，但其前面和后面要有两个帧，即起始关键帧和结束关键帧。起始关键帧用于决定动画主体在起始位置的状态，而结束关键帧则决定动画主体在终点位置的状态。

在 Flash 中，利用过渡帧可以制作两类补间动画，即运动补间和形状补间。不同颜色代表不同类型的动画，此外，还有一些箭头、符号和文字等信息，用于识别各种帧的类别，可以通过表 7.1 所示的方式区分时间轴上的动画类型。

表 7.1 过渡帧类型

过渡帧形式	说 明
	补间动画用一个黑色圆点指示起始关键帧，中间的补间帧为浅蓝色背景
	传统补间动画用一个黑色圆点指示起始关键帧，中间的补间帧有一个浅紫色背景的黑色箭头
	补间形状用一个黑色圆点指示起始关键帧，中间的帧有一个浅绿色背景的黑色箭头
	虚线表示传统补间是断开的或者是不完整的，例如丢失结束关键帧
	单个关键帧用一个黑色圆点表示。单个关键帧后面的浅灰色帧包含无变化的相同内容，在整个范围的最后一帧还有一个空心矩形
	出现一个小 a 表明此帧已使用"动作"面板分配了一个帧动作
hykgk	红色标记表明该帧包含一个标签或注释
hykgk	金色的锚记表明该帧是一个命名锚记

7.1.3 Flash CS5 元件和实例

元件是一些可以重复使用的对象，它们被保存在库中。实例是出现在舞台上或者嵌套在其他元件中的元件。使用元件可以使影片的编辑更加容易，因为在需要对许多重复的元素进行修改时，只要对元件做出修改，程序就会自动地根据修改的内容对所有该元件的实例进行更新，同时，利用元件可以更加容易地创建复杂的交互行为。在 Flash 中，元件分为影片剪辑元件、按钮元件和图形元件 3 种类型。

1. 影片剪辑

影片剪辑元件（Movie Clip）是一种可重复使用的动画片段，即一个独立的小影片。影片剪辑元件拥有各自独立于主时间轴的多帧时间轴，可以把场景上任何看得到的对象，甚至整个时间轴的内容，创建为一个影片剪辑元件，而且可以把这个影片剪辑元件放置到另一个影片剪辑元件中。还可以把一段动画（如逐帧动画）转换成影片剪辑元件。在影片剪辑中可以添加动作脚本来实现交互和复杂的动画操作。通过对影片剪辑添加滤镜或设置混合模式，可以创建各种复杂的效果。

在影片剪辑中，动画是可以自动循环播放的，也可以用脚本来进行控制。例如，每看到时钟时，其秒针、分针和时针一直以中心点不动的方式按一定间隔旋转，如图 7.4 所示。因此，在制作时钟时，应将这些针创建为影片剪辑元件。

图 7.4 时钟指针旋转示意

2. 按钮元件

按钮用于在动画中实现交互，有时也可以使用它来实现某些特殊的动画效果。一个按钮元件有 4 种状态，即弹起、指针经过、按下和点击，每种状态可以通过图形或影片剪辑来定义，同时可以为其添加声音。在动画中一旦创建了按钮，就可以通过 ActionScript 脚本来为其添加交互动作。

3. 图形元件

图形元件可用于静态图像，并可用来创建连接到主时间轴的可重用动画片段。图形元件与主时间轴同步运行。与影片剪辑和按钮元件不同，用户不能为图形元件提供实例名称，也不能在动作脚本中引用图形元件。

图形元件也有自己的独立时间轴，可以创建动画，但其不具有交互性，无法像影片剪辑那样添加滤镜效果和声音。

7.1.4 Flash CS5 基本工作流程

1. 基本工作流程

① 规划文档。决定文档要完成的基本工作。

② 加入媒体元素。绘制图形、元件及导入媒体元素，如影像、视讯、声音与文字。

③ 安排元素。在舞台上和时间轴中安排媒体元素，并定义这些元素在应用程序中出现的时间和方式。

④ 应用特殊效果。套用图像滤镜（如模糊、光晕和斜角）、混合及其他合适的特殊效果。

⑤ 使用 ActionScript 控制行为。撰写 ActionScript 程序代码以控制媒体元素的行为，包含这些元素响应用户互动的方式。

⑥ 测试及发布应用程序。测试以确认建立的文档是否达成预期目标，以及寻找并修复错误。最后将 fla 文档发布为 swf 文档，这样才能在网页中显示并使用 Flash Player 播放。

注意：在 Flash 中创作内容时，使用称为 fla 的文档。fla 文件的扩展名为 .fla。

2. 一个简单 Flash 动画制作

（1）新建一个文档

在开始界面中，选择"新建"列表中的"ActionScript 3.0"命令，Flash CS5 自动建立一个默认名称为"未命名-1"的 .fla 空文档。

图 7.5 舞台"属性"面板

（2）设置舞台属性

在 Flash CS5 工作界面中单击右边的"属性"选项卡，可查看并重新设置该文档的舞台属性。默认情况下，舞台大小设置为 550 像素×400 像素（见图 7.5），单击"编辑"可重新设置；舞台背景色板设置为白色，单击色板可更改舞台背景颜色。

提示：Flash 影片中的舞台背景色可使用"修改"→"文档"命令设置，也可以选择舞台，然后在"属性"面板中修改"舞台颜色"字段。当发布影片时，Flash Professional 会将 HTML 页的背景色设置为与舞台背景色相同的颜色。

新文档只有一个图层，名字为图层 1，可以通过双击图层名，重新输入一个新图层名称。

（3）绘制一个圆圈

创建文档后，就可以在其中制作动画。

从"工具箱"面板中选择"椭圆"工具，在属性中单击笔触颜色（描边色板），并从"拾色器"中选择"无颜色"选项，再在属性中单击"填充颜色"，选择一种填充颜色（如红色）。

当"椭圆"工具仍处于选中状态时，按住 Shift 键在舞台上拖动以绘制出一个圆圈，如图 7.6 所示。注：按住 Shift 键使"椭圆"工具只能绘制出圆圈。

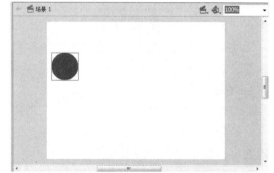

图 7.6 舞台上绘制出的圆圈

提示：如果绘制圆圈时只看到轮廓而看不到填充色，请首先在属性检查器的"椭圆"工具属性中检查描边和填充选项是否已正确设置。如果属性正确，请检查以确保时间轴的层区域中未选中"显示轮廓"选项。请注意时间轴层名称右侧的眼球图标、锁图标和轮廓图标 3 个图标，确保轮廓图标为实色填充而不仅仅是轮廓。

（4）创建元件

将绘制的圆转换为元件，使其转变为可重用资源。

用"选择"工具选择舞台上画出的圆圈，然后选择"修改"→"转换为元件"（或按 F8 键）命令，弹出"转换为元件"对话框，如图 7.7 所示（也可以将选中的图形拖到"库"面板中，将它转换为元件）。

图 7.7 "转换为元件"对话框

在"转换为元件"对话框中为新建元件起一个名称(如圆),将"类型"选择为"影片剪辑",单击"确定"按钮,系统创建一个影片剪辑元件。此时"库"面板中将显示新元件的定义,舞台上的圆成为元件的实例。

(5) 添加动画

将圆圈拖到舞台区域的左侧(见图7.8)。右键单击舞台上的圆圈实例,从菜单中选择"创建补间动画"选项,时间轴将自动延伸到第24帧并且红色标记(当前帧指示符或播放头)位于第24帧。这表明时间轴可供编辑1秒,即帧频率为24fps。

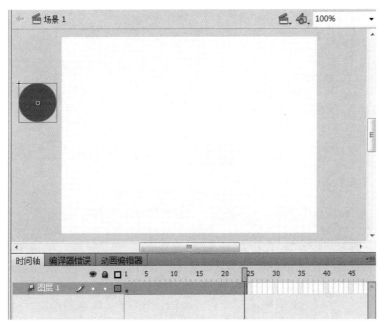

图 7.8 圆圈移到舞台区域左侧

将圆圈拖到舞台区域右侧。此步骤创建了补间动画。动画参考线表明第1帧与第24帧之间的动画路径,如图7.9所示。

在时间轴的第1帧和第24帧之间来回拖动红色的播放头可预览动画。

将播放头拖到第10帧,然后将圆圈移到屏幕上的另一个位置,在动画中间添加方向变化,如图7.10所示。

用"选择"工具拖动动画参考线使线条弯曲,如图7.11所示。弯曲动画路径使动画沿着一条曲线而不是直线运动。

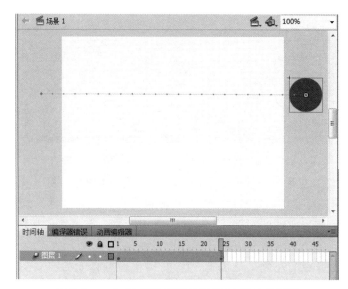

图 7.9 一个 24 帧动画路径及第 24 帧处的圆圈

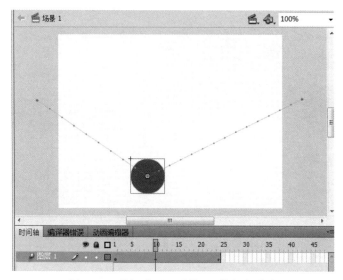

图 7.10 补间动画显示第 10 帧方向更改

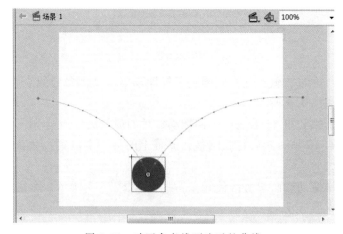

图 7.11 动画参考线更改后的曲线

注意：使用"选取"和"部分选取"工具可改变运动路径的形状。使用"选取"工具，可通过拖动方式改变线段的形状。补间中的属性关键帧将显示为路径上的控制点。使用部分选取工具可公开路径上对应于每个位置属性关键帧的控制点和贝塞尔手柄。可使用这些手柄改变属性关键帧点周围的路径的形状。

（6）测试影片

经过上面的制作，一个简单的动画已经建好，但在发布之前应测试影片。方法是：在菜单栏中选择"控制"→"测试影片"即可。

（7）保存文档

选择菜单栏的"文件"→"保存"即可。Flash CS5 将以 FLA 格式保存新建的文档。

（8）发布

完成 FLA 格式文件的建立后即可发布，以便通过浏览器查看它。发布文件时，Flash Professional 会将它压缩为 SWF 文件格式，这是放入网页中的格式。"发布"命令可以自动生成一个包含正确标签的 HTML 文件。

方法：

① 选择菜单栏的"文件"→"发布设置"命令。

在"发布设置"对话框中，选择"格式"选项卡并确认只选中了"Flash"和"HTML"选项。然后再选择"HTML"选项卡并确认"模板"项中是"仅 Flash"。该模板会创建一个简单的 HTML 文件，它在浏览器窗口中显示时只包含 SWF 格式的文件。最后单击"确定"按钮。

② 选择"文件"→"发布"。发布的文件保存在 FLA 文档的文件夹中，可以在此文件夹中找到与 FLA 格式文档同名的两个 SWF 和 HTML 格式文件，打开 HTML 格式文件就可在浏览器窗口中看到所做的 Flash 动画。

7.2 绘制基本图形

7.2.1 工具箱介绍

Flash CS5 工具箱提供了多种绘制图形的工具和辅助工具，如图 7.12 所示。其常用工具的作用如下。

选择工具：用于选择对象和改变对象的形状。

部分选择工具：对路径上的锚点进行选取和编辑。

任意变形工具：对图形进行旋转、缩放、扭曲、封套变形等操作。

套索工具：是一种选取工具，使用它可以勾勒任意形状的范围来进行选择。

3D 旋转工具：转动 3D 模型，只能对影片剪辑发生作用。

钢笔工具：绘制精确的路径（如直线或平滑流畅的曲线），并可调整直线段的角度和长度以及曲线段的斜率。

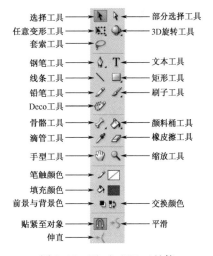

图 7.12 Flash CS5 工具箱

文本工具：用于输入文本。

线条工具：绘制从起点到终点的直线。

矩形工具：用于快速绘制出椭圆、矩形、多角星形等相关几何图形。

铅笔工具：既可以绘制伸直的线条，也可以绘制一些平滑的自由形状。在进行绘图工作之前，还可以对绘画模式进行设置。

刷子工具：绘制刷子般的特殊笔触（包括书法效果），就好像在涂色一样。

Deco 工具：是一个装饰性绘画工具，用于创建复杂几何图案或高级动画效果，如火焰等。

骨骼工具：向影片剪辑元件实例、图形元件实例或按钮元件实例添加 IK（反向运动）骨骼。

颜料桶工具：对封闭的区域、未封闭的区域及闭合形状轮廓中的空隙进行颜色填充。

滴管工具：用于从现有的钢笔线条、画笔描边或者填充上取得（或者复制）颜色和风格信息。

橡皮擦工具：用于擦除笔触段或填充区域等工作区中的内容。

对应于不同的工具，在工具栏的下方还会出现其相应的参数修改器，可以对所绘制的图形做外形、颜色及其他属性的微调。比如对矩形工具，可以用触笔颜色设定外框的颜色或者不要外框，还可以用填充颜色选择中心填充的颜色或设定不填充，还可以设定为圆角矩形。对于不同的工具，其修改器是不一样的。

7.2.2 基本绘图工具的应用

万丈高楼平地起，再漂亮的动画，都是由基本的图形组成的，所以掌握绘图工具对于制作好的 Flash 作品至关重要。

1. 同一图层位图图形重叠效果

（1）线条穿过图形

当绘制的线条穿过别的线条或图形时，它会像刀一样把其他的线条或图形切割成不同的部分，同时线条本身也会被其他线条和图形分成若干部分，可以用选择工具将它们分开，如图 7.13、图 7.14 和图 7.15 所示。

图 7.13　原图

图 7.14　在原图上画线

图 7.15　被分开的各部分

（2）两个图形重叠

当新绘制的图形与原来的图形重叠时，新的图形将取代下面被覆盖的部分，用选择工具将其分开后，原来被覆盖的部分就消失了，如图 7.16、图 7.17 和图 7.18 所示。

（3）图形的边线

在 Flash 中，边线是独立的对象，可以进行单独操作。比如在绘制圆形或矩形时，默认情况就有边线，用选择工具可以把两者分开，如图 7.19 和图 7.20 所示。

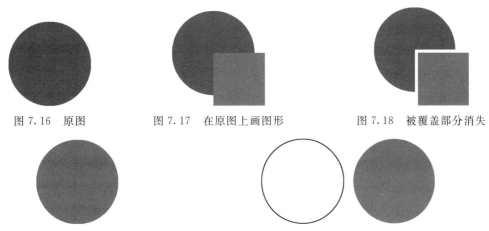

图 7.16　原图　　　　图 7.17　在原图上画图形　　　　图 7.18　被覆盖部分消失

图 7.19　绘制的圆形　　　　图 7.20　用选择工具可以直接把中间填充部分拖出

2. 铅笔工具应用

选择"铅笔"工具，在舞台上单击鼠标，按住鼠标不放，在舞台上可以随意绘制出线条。如果想要绘制出平滑或伸直线条和形状，可以在工具箱下方的选项区域中为铅笔工具选择一种绘画模式。可以在铅笔工具"属性"面板中设置不同的线条颜色、线条粗细、线条类型。

伸直模式下画出的线条会自动拉直，并且画封闭图形时，会模拟成三角形、矩形、圆等规则的几何图形。平滑模式下，画出的线条会自动光滑化，变成平滑的曲线。墨水模式下，画出的线条比较接近于原始的手绘图形。用 3 种模式画出的一座山如图 7.21 所示。

图 7.21　从左到右分别是伸直模式、平滑模式和墨水模式绘制的图形

铅笔工具的颜色选择，可以用触笔颜色设定。

用铅笔绘制出来的线的形状，可在属性面板中进行设置。在属性面板（见图 7.22）中可对铅笔绘制的线的宽度和线型进行设定，还可以通过单击"编辑笔触样式"按钮自定义线型。

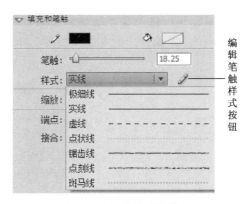

图 7.22　铅笔线型的设定

3. 线条工具应用

选择"线条"工具，在舞台上单击鼠标，按住鼠标不放并拖动到需要的位置，可绘制出一条直线。可以在其"属性"面板中设置不同的线条颜色、线条粗细、线条类型等，方法与铅笔绘制的线设置一样。图 7.23 所示是用不同属性绘制的一些线条示例。

4. 矩形工具应用

这个工具比较简单，主要用于绘制椭圆、矩形、多角星形等相关几何图形。例如，选择"椭圆"工具，在舞台上单击鼠标，按住鼠标不放，向需要的位置拖曳鼠标，即可绘制出椭圆图形。在"属性"面板也可设置不同的边框颜色、边框粗细、边框线型和填充颜色。图 7.24 所示是用不同的边框属性和填充颜色绘制的椭圆图形示例。

图 7.23 用不同属性绘制的线条　　　　图 7.24 用不同属性绘制的椭圆图形

5. 刷子工具应用

选择"刷子"工具，在舞台上单击鼠标，按住鼠标不放，可随意绘制出笔触。在工具栏的下方还会出现其相应的参数修改器，如刷子形状，单击后可选择一种形状。在"属性"面板中可设置不同的笔触颜色和平滑度。图 7.25 所示是用不同的刷子形状绘制的图形示例。

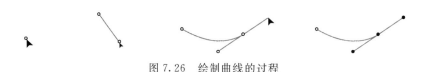

图 7.25 用不同刷子形状所绘制的笔触效果

6. 钢笔工具应用

选择"钢笔"工具，将鼠标放置在舞台上想要绘制曲线的起始位置，然后按住鼠标不放，此时出现第一个锚点，并且钢笔尖光标变为箭头形状。松开鼠标，将鼠标放置在想要绘制的第二个锚点的位置，单击鼠标并按住不放，绘制出一条直线段。将鼠标向其他方向拖曳，直线转换为曲线，松开鼠标，一条曲线绘制完成，如图 7.26 所示。

图 7.26 绘制曲线的过程

7. 任意变形工具应用

任意变形工具可以随意地变换图形形状，它可以对选中的对象进行缩放、旋转、倾斜、翻转等变形操作。要执行变形操作，需要先选择要改动的部分，再选择任意变形工具，在选定图形的四周将出现一个边框，拖动边框上的控制节点就可以修改大小和变形，如图 7.27

所示。如果要旋转图形，则可以将鼠标移动到控制点的外侧，当出现旋转图标的时候，就可以执行旋转了，如图 7.28 所示。

  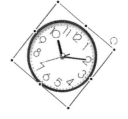

图 7.27　改变大小和变形　　　　　　　图 7.28　旋转

对于 Flash 中的其他绘图工具的使用和设置，可以根据前面学习过的 Flash 绘图的基本工具举一反三，轻松掌握。

另外，还可以选择渐变变形工具，它可以改变选中图形中的填充渐变效果。当图形填充色为线性渐变色时，选择"渐变变形"工具，用鼠标单击图形，会出现 3 个控制点和 2 条平行线，向图形中间拖动方形控制点，渐变区域缩小。将鼠标放置在旋转控制点上，可拖动旋转控制点来改变渐变区域的角度。图 7.29 所示是应用渐变变形工具改变渐变的效果。

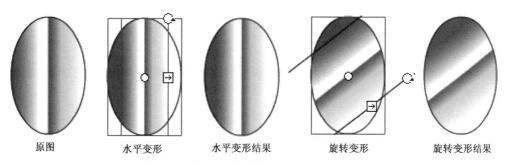

图 7.29　应用渐变变形工具改变渐变的效果

7.2.3　辅助绘图工具的应用

1. 选择工具使用

① 选择对象

选择"选择"工具，在舞台中的对象上单击即可选择对象。按住 Shift 键，再单击其他对象，可以同时选中多个对象。在舞台中拖曳一个矩形可以框选多个对象。

② 移动和复制对象

选择对象，按住鼠标不放，直接拖曳对象到任意位置。若按住 Alt 键，拖曳选中的对象到任意位置，则选中的对象被复制。

③ 调整线条和色块

选择"选择"工具，将鼠标移至对象，鼠标下方出现圆弧。拖动鼠标，对选中的线条和色块进行调整。

2. 部分选取工具使用

选择"部分选取"工具，在对象的外边线上单击，对象上出现多个节点，如图 7.30 所示。拖动节点可调整

图 7.30　边线上的节点

控制线的长度和斜率，从而改变对象的曲线形状。

3. 套索工具使用

选择"套索"工具，用鼠标在位图上任意勾选想要的区域，形成一个封闭的选区，松开鼠标，选区中的图像被选中。选择"套索"工具后会在工具栏的下方出现"魔术棒"和"多边形模式"选取工具。

"魔术棒"工具：在位图上单击鼠标，与单击取点颜色相近的图像区域被选中。

"多边形模式"工具：在图像上单击鼠标，确定第一个定位点，松开鼠标并将鼠标移至下一个定位点，再单击鼠标，用相同的方法直到勾画出想要的图像，并使选取区域形成一个封闭的状态，双击鼠标，选区中的图像被选中。

4. 滴管工具使用

（1）吸取填充色

选择"滴管"工具，将滴管光标放在要吸取图形的填充色上单击，即可吸取填充色样本，在工具箱的下方，取消对"锁定填充"选项的选取，在要填充的图形的填充色上单击，图形的颜色被吸取色填充。

（2）吸取边框属性

选择"滴管"工具，将鼠标放在要吸取图形的外边框上单击，即可吸取边框样本，在要填充的图形的外边框上单击，线条的颜色和样式被修改。

（3）吸取位图图案

选择"滴管"工具，将鼠标放在位图上单击，吸取图案样本，然后在修改的图形上单击，图案被填充。

（4）吸取文字属性

滴管工具还可以吸取文字的属性，如颜色、字体、字型、大小等。选择要修改的目标文字，然后选择"滴管"工具，将鼠标放在源文字上单击，源文字的文字属性被应用到了目标文字上。

5. 橡皮擦工具使用

选择"橡皮擦"工具，在图形上想要删除的地方按下鼠标并拖动鼠标，图形被擦除。在工具箱下方的"橡皮擦形状"按钮的下拉菜单中，可以选择橡皮擦的形状与大小。如果想得到特殊的擦除效果，系统在工具箱的下方设置了如图 7.31 所示的 5 种擦除模式，图 7.32 所示从左至右分别是用这 5 种擦除模式擦除图形的效果图。

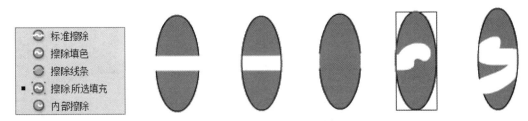

图 7.31　擦除模式　　　　图 7.32　应用 5 种擦除模式擦除图形的效果

标准擦除：这时橡皮擦工具就像普通的橡皮擦一样，将擦除所经过的所有线条和填充，只要这些线条或填充位于当前图层中。

擦除填色：这时橡皮擦工具只擦除填充色，而保留线条。

擦除线条：与擦除填色模式相反，这时橡皮擦工具只擦除线条，而保留填充色。

擦除所选填充：这时橡皮擦工具只擦除当前选中的填充色，保留未被选中的填充以及所有的线条。

内部擦除：只擦除橡皮擦笔触开始处的填充。如果从空白点开始擦除，则不会擦除任何内容。以这种模式使用橡皮擦并不影响笔触。

7.2.4 文字工具的应用

从 Flash Professional CS5 开始可以使用"文本布局框架（TLF）"向 FLA 格式的文件添加文本。TLF 支持更多丰富的文本布局功能和对文本属性的精细控制。与以前的文本引擎（现在称为传统文本）相比，TLF 文本可加强对文本的控制。与传统文本相比，TLF 文本提供了下列增强功能：

- 更多字符样式，包括行距、连字、加亮颜色、下画线、删除线、大小写、数字格式及其他。
- 更多段落样式，包括通过栏间距支持多列、末行对齐选项、边距、缩进、段落间距和容器填充值。
- 控制更多亚洲字体属性，包括直排内横排、标点挤压、避头尾法则类型和行距模型。
- 可以为 TLF 文本应用 3D 旋转、色彩效果及混合模式等属性，而无须将 TLF 文本放置在影片剪辑元件中。
- 文本可按顺序排列在多个文本容器。这些容器称为串接文本容器或链接文本容器。
- 能够针对阿拉伯语和希伯来语文字创建从右到左的文本。
- 支持双向文本，其中从右到左的文本可包含从左到右文本的元素。当遇到在阿拉伯语或希伯来语文本中嵌入英语单词或阿拉伯数字等情况时，此功能必不可少。

TLF 文本是 Flash Professional CS5 中的默认文本类型。它提供了点文本和区域文本两种类型的文本容器。点文本容器的大小仅由其包含的文本决定，区域文本容器的大小与其包含的文本量无关。要将点文本容器更改为区域文本，可使用选择工具调整其大小或双击容器边框右下角的小圆圈。

TLF 文本有只读、可选和可编辑 3 种类型的文本块，可在属性面板中设置［见图 7.33（a）］，其在运行时的表现方式如下。

- 只读：当作为 SWF 文件发布时，文本无法选中或编辑。
- 可选：当作为 SWF 文件发布时，文本可以选中并可复制到剪贴板，但不可以编辑。对于 TLF 文本，此设置是默认设置。
- 可编辑：当作为 SWF 文件发布时，文本可以选中和编辑。

传统文本有静态文本、动态文本和输入文本 3 种类型的文本块，可在属性面板中设置［见图 7.33（b）］。其中：

- 静态文本：是指不会动态更改的字符文本，常用于决定作品的内容和外观。
- 动态文本：是指可以动态更新的文本，如体育得分、股票报价或天气报告。
- 输入文本：可在播放后输入文本。

注意：①TLF 文本要求在 FLA 文件的发布设置中指定 ActionScript 3.0 和 Flash Player 10 或更高版本。②TLF 文本无法用作遮罩。要使用文本创建遮罩，可以使用传统文本。

(a) TLF文本

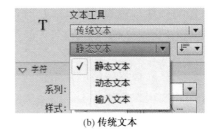
(b) 传统文本

图 7.33 文本模式和类型

图 7.34 文本属性面板

1. 创建文本

选择"文本"工具后，可在"属性"面板（如图 7.34 所示）中选择使用 TLF 文本或传统文本。如果选择 TLF 文本，则可进一步选择只读、可选或可编辑类型文本块；若选择传统文本，则可进一步选择静态文本、动态文本或输入文本。

在舞台上单击，出现文本输入光标，直接输入文字即可。若单击后向右下角方向拖曳出一个文本框，输入的文字被限定在文本框中，如果输入的文字较多，会自动转到下一行显示。

2. 设置文本的属性

文本属性一般包括字体属性和段落属性。字体属性包括字体、字号、颜色、字符间距、自动字距微调和字符位置等；段落属性则包括对齐、边距、缩进和行距等。

当需要在 Flash 中使用文本时，可先在属性面板（见图 7.34）中设置文本的属性，也可以在输入文本之后，再选中需要更改属性的文本，然后在属性面板中对其进行设置。

3. 变形文本

选中文字，执行两次"修改"→"分离"命令（或按两次 Ctrl+B 组合键），将文字打散，文字变为如图 7.35（a）所示的位图模式。然后选择"修改"→"变形"→"封套"命令，在文字的周围出现控制点［见图 7.35（b）］，拖动控制点，改变文字的形状，如图 7.35（c）所示。最后的变形结果如图 7.35（d）所示。

(a) 打散的文字　　　　(b) 封套　　　　(c) 变形　　　　(d) 变形后的结果

图 7.35 文本变形过程

4. 填充文本

选中文字，执行两次"修改"→"分离"命令（或按两次 Ctrl+B 组合键），将文字打散。然后选择"窗口"→"颜色"命令，弹出"颜色"面板，如图 7.36 所示。在类型选项中选择"线性渐变",在颜色设置条上设置渐变颜色,文字被填充上渐变色。图7.37所示是对文字"变化"填充渐变色的效果示例图。

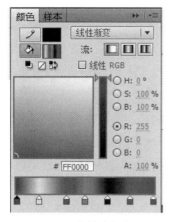

图 7.36 文字填充颜色面板

图 7.37 填充渐变色的文字

7.3 对象的编辑

使用工具栏中的工具创建的图形相对来说比较单调,如果能结合修改菜单命令修改图形,就可以改变原图形的形状、线条等,并且可以将多个图形组合起来达到所需要的图形效果。

7.3.1 对象类型

Flash CS5 的对象类型主要有矢量对象、图形对象、影片剪辑对象、按钮对象和位图对象。

1. 矢量对象

矢量对象(矢量图形)是由绘画工具所绘制出来的图形,它包括线条和填充两部分。注意,使用文字工具输入的文字是一个文本对象,不是矢量对象,但使用"修改"→"分离"命令(或按 Ctrl+B 组合键)打散后,它就变成了矢量对象。

2. 图形对象

图形对象也称图形元件,它是存贮在"库"中可被重复使用的一种图形对象。理论上讲,任何对象都可以转换为图形对象,但在 Flash 的实际操作过程中,从图形元件的作用出发,一般只有将矢量对象、文字对象、位图对象、组合对象转化为图形对象。

从外部导入的图片是位图对象,而不是图形元件,但可以转换为图形元件。

3. 影片剪辑对象

影片剪辑对象也称影片剪辑元件,它是存贮在"库"中可被重复使用的影片剪辑,用于创建可独立于主影像时间轴进行播放的实例。理论上讲,任何对象都可以转换为影片剪辑对象,转换的对象主要是根据实际需要而定的。

4. 按钮对象

按钮对象也称按钮元件,用于创建在影像中对标准的鼠标事件(如单击、滑过或移离等)做出响应的交互式按钮。理论上讲,任何对象都可以转换为按钮对象,但在操作过程中应视实际需要而定。

5. 位图对象

位图对象是将矢量、图形、文字、按钮和影片剪辑对象打散后形成的分离图形。它主要用于制作形变动画对象（如圆形变成方形）及文字变形。有些对象只有变为分离图形后（即位图），才能填充颜色，如线条、边线等。

不管何种对象，只要多次执行"修改"→"分离"命令（或按 Ctrl+B 组合键）打散对象后，最终都能转变为位图对象。当然，位图对象通过执行"修改"→"组合"命令，也可转变为矢量图形。

7.3.2 制作对象

1. 制作图形元件

制作图形元件的方法有两种：一是直接制作，二是将矢量对象转换成图形元件。

（1）直接制作

选择"插入"→"新建元件"命令，弹出"创建新元件"对话框（见图 7.38），在"名称"选项的文本框中输入"圆"，在"类型"选项的下拉列表中选择"图形"选项，单击"确定"按钮，创建一个新的图形元件"圆"。图形元件的名称出现在舞台的左上方，舞台切换到了图形元件"圆"的窗口，窗口中间出现十字，代表图形元件的中心定位点，用矩形工具在窗口十字处制作一个圆，如图 7.39 所示，在"库"面板中显示出"圆"图形元件。

图 7.38 "创建新元件"对话框

（2）矢量对象转换

如果在舞台上已经创建好矢量图形并且以后还要再次应用，可将其转换为图形元件。方法是选中矢量图形，然后选择"修改"→"转换为元件"命令，弹出"转换为元件"对话框，在"名称"选项的文本框中输入元件名，在"类型"选项的下拉列表中选择"图形"选项，单击"确定"按钮，转换完成，此时在"库"面板中显示出转换的图形元件。

2. 制作按钮元件

选择"插入"→"新建元件"命令，弹出"创建新元件"对话框，在"名称"选项的文本框中输入按钮元件名，在"类型"选项的下拉列表中选择"按钮"选项，单击"确定"按钮，此时，按钮元件的名称出现在舞台的左上方，舞台切换到了按钮元件的窗口，窗口中间出现十字，代表按钮元件的中心定位点。在"时间轴"窗口中显示出 4 个状态帧："弹起"、"指针"、"按下"和"点击"。在"库"面板中显示出按钮元件。

利用绘图工具绘制按钮的 4 个帧，图形如图 7.40 所示。最后单击图层左上角的"场景"按钮，返回场景，按钮制作完毕。

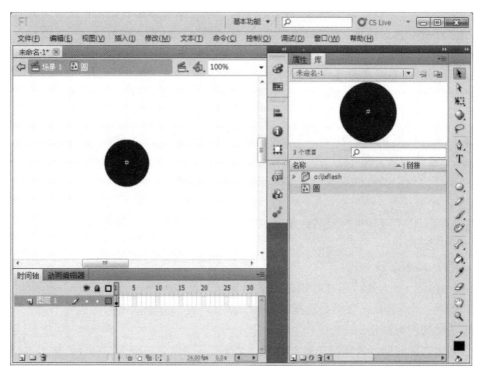

图 7.39　制作一个圆图形元件

　弹起　　　　　　　指针　　　　　　　按下　　　　　　　点击

图 7.40　按钮元件的 4 个帧图形

3. 制作影片剪辑

选择"插入"→"新建元件"命令，弹出"创建新元件"对话框，在"名称"选项的文本框中输入"变形动画"，在"类型"选项的下拉列表中选择"影片剪辑"选项，单击"确定"按钮，此时，影片剪辑元件的名称出现在舞台的左上方，舞台切换到了影片剪辑元件"变形动画"的窗口，窗口中间出现十字，代表影片剪辑元件的中心定位点。

利用绘图工具绘制影片剪辑，最后单击图层左上角的"场景"按钮，返回场景，影片剪辑制作完毕。

7.4　Flash 动画制作

Flash 动画按照制作时采用的技术的不同，可以分为 5 种类型，即逐帧动画、运动补间动画、形状补间动画、轨迹动画和蒙版动画。

7.4.1　创建逐帧动画

1. 逐帧动画

逐帧动画就是对每一帧的内容逐个编辑，然后按一定的时间顺序进行播放而形成的动画，它是最基本的动画形式。逐帧动画适合于每一帧中的图像都在更改，而并非仅仅简单地在舞台中移动的动画，因此，逐帧动画文件容量比补间动画要大很多。

创建逐帧动画的几种方法如下。

① 用导入的静态图片建立逐帧动画

将 JPG、PNG 等格式的静态图片连续导入 Flash 中，就会建立一段逐帧动画。

② 绘制矢量逐帧动画

用鼠标或压感笔在场景中一帧帧地画出帧内容。

③ 文字逐帧动画

用文字作为帧中的元件，实现文字跳跃、旋转等特效。

④ 导入序列图像

可以导入 GIF 序列图像、SWF 动画文件，或者利用第三方软件（如 swish、swift 3D 等）产生的动画序列。

2. 走路的动画制作

这是一个利用导入连续图片而创建的逐帧动画，具体步骤如下：

（1）创建一个新 Flash 文档，选择"文件"→"新建"命令，设置舞台大小为 550 像素×230 像素，背景色为白色。

（2）创建背景图层。选择第 1 帧，执行"文件"→"导入到舞台"命令，将本实例中名为"草原.jpg"的图片导入到场景中。在第 8 帧按 F5 键，加过渡帧使帧内容延续，如图 7.41 所示。

（3）导入走路的图片。新建一"走路"图层，选择第 1 帧，执行"文件"→"导入到舞台"命令，将走路的系列图片导入。导入完成后，就可以在库面板中看到导入的位图图像，如图 7.42 所示。

图 7.41 建立的背景图层

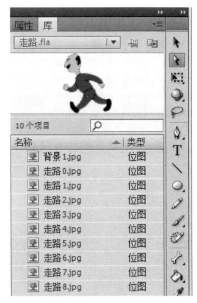

图 7.42 导入库中的位图

由于导入到库中的同时，也把所有图像都放到了第 1 帧，所以需要将舞台中第 1 帧下的所有图像删除。

（4）在时间轴上分别选择走路图层的第 1 帧到第 9 帧，并从库中将相应的走路图拖放到舞台中。注意，因为第 1 帧是关键帧，可直接放入，而后面的帧都需要先插入空白关键帧后才能把图拖放到工作区中。

此时，时间帧区出现连续的关键帧，从左向右拉动播放头，就会看到一个人在向前走路（如图 7.43 所示），但是，动画序列位置尚未处于需要的地方，必须移动它们。

图 7.43 向前走路的人

可以一帧帧地调整位置，完成一幅图片后记下其坐标值，再把其他图片设置成相同坐标值，也可以用"多帧编辑"功能快速移动。

多帧编辑方法如下。

先把"背景"图层加锁，然后单击时间轴面板下方的"绘图纸显示多帧"按钮 ，再单击"修改绘图纸标记"按钮 ，在弹出的菜单中选择"所有绘图纸"选项，如图 7.44 所示。用鼠标调整各帧图像的位置，使位于各帧的图像位置合适即可，如图 7.45 所示。

图 7.44 洋葱皮工具

图 7.45 调整各帧后的走路人

（5）测试影片

选择"控制"→"测试影片"命令，就能看到动画的效果。选择"文件"→"保存"命令将动画保存以备后用。

7.4.2 创建补间动画

1．补间动画

补间动画是通过为一个帧中的对象属性指定一个值并为另一个帧中的该相同属性指定另一个值创建的动画。

在创建补间动画时，可以在不同关键帧的位置设置对象的属性，如位置、大小、颜色、角度、Alpha 透明度等。编辑补间动画后，Flash 将会自动计算这两个关键帧之间属性的变化值，并改变对象的外观效果，使其形成连续运动或变形的动画效果。例如，可以在时间轴第 1 帧的舞台左侧放置一个影片剪辑，然后将该影片剪辑移到第 20 帧的舞台右侧。在创建补间时，Flash 将计算指定的右侧和左侧这两个位置之间的舞台上影片剪辑的所有位置。最后会得到影片剪辑从第 1 帧到第 20 帧，从舞台左侧移到右侧的动画。在中间的每个帧中，Flash 将影片剪辑在舞台上移动 1/20 的距离。

Flash CS5 支持两种不同类型的补间以创建动画：一种是传统补间（包括在早期版本中 Flash 创建的所有补间），其创建方法与原来相比没有改变；另一种是补间动画，其功能强大且创建简单，可以对补间的动画进行最大限度的控制。另外，补间动画根据动画变化方式的不同又分为"运动补间动画"和"形状补间动画"两类，运动补间动画是指对象可以在运动中改变大小和旋转，但不能变形，而形状补间动画可以在运动中变形（如圆形变成方形）。

制作补间动画的对象类型包括影片剪辑元件、图形元件、按钮元件及文本字段。

2. 小鸟飞的运动补间动画制作

(1) 创建一个新 Flash 文档，选择"文件"→"新建"命令，设置舞台大小为 550 像素×230 像素，背景色为白色。

(2) 将当前图层重命名为背景图层，选择第 1 帧，执行"文件"→"导入到舞台"命令，将一幅风景图片导入到场景中。在第 60 帧按 F5 键，加过渡帧使帧内容延续。

(3) 新建一图层，并重命名为"小鸟"，选择第 1 帧，执行"文件"→"导入到舞台"命令，导入一幅小鸟飞的图片。用鼠标将舞台上导入的小鸟移动到右侧，并用"任意变形"工具调整到合适的大小，如图 7.46 所示。

(4) 创建传统补间动画。右键单击小鸟图层的第 60 帧，在弹出的快捷菜单中选择"插入关键帧"命令，然后用"选择"工具将小鸟调整到左上方的位置，并用"任意变形"工具把小鸟调小一些，如图 7.47 所示。右键单击"小鸟"图层第 1 帧到第 60 帧中间的任意帧，在弹出的快捷菜单中选择"创建传统补间"命令，结果如图 7.48 所示，播放即可看到小鸟飞的动画。

图 7.46　第 1 帧的小鸟

图 7.47　第 60 帧的小鸟

(5) 在 Flash CS5 中提供更加灵活的方式创建补间动画。下面的操作从步骤 (3) 结束后开始。右键单击第 1 帧，在弹出的快捷菜单中选择"创建补间动画"命令，之后拖动"播放头"到第 60 帧，然后单击时间轴上的"动画编辑器"标签（或选择菜单栏中的"窗口"→"动画编辑器"命令），打开"动画编辑器"面板，如图 7.49 所示。

"动画编辑器"面板由三组时间轴构成，分别是"基本动画"、"转动"和"缓动"，其中"基本动画"组的时间轴可以分别设置元件在 X、Y 和 Z 轴方向的移动情况；"转换"组的时间轴可以设置元件在 X 和 Y 轴方向的倾斜、旋转以及元件色彩和滤镜等特殊效果；"缓动"组的时间轴可以设置上面两组时间轴在移动过程中位置属性变化的方式，比如"简单"、"弹簧"和"正弦波"等。

图 7.48 小鸟飞的传统补间动画

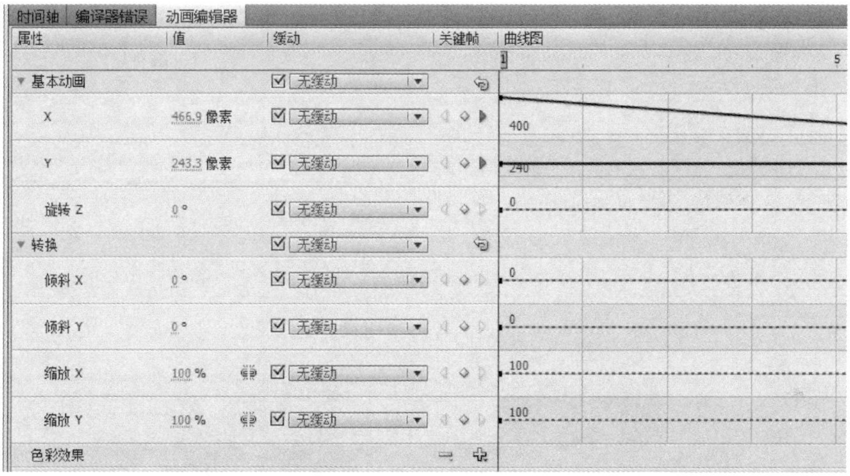

图 7.49 动画编辑器

通过"动画编辑器"面板，可以查看所有补间属性及其属性关键帧。它还提供了向补间添加精度和详细信息的工具。动画编辑器显示当前选定的补间的属性。在时间轴中创建补间后，动画编辑器允许以多种不同的方式来控制补间。

使用动画编辑器可以进行以下操作：
- 设置各属性关键帧的值。
- 添加或删除各个属性的属性关键帧。
- 将属性关键帧移动到补间内的其他帧。
- 将属性曲线从一个属性复制并粘贴到另一个属性。
- 翻转各属性的关键帧。
- 重置各属性或属性类别。
- 使用贝塞尔控件对大多数单个属性的补间曲线的形状进行微调（X、Y 和 Z 属性没有贝塞尔控件）。
- 添加或删除滤镜或色彩效果并调整其设置。
- 向各个属性和属性类别添加不同的预设缓动。
- 创建自定义缓动曲线。
- 将自定义缓动添加到各个补间属性和属性组中。
- 对 X、Y 和 Z 属性的各个属性关键帧启用浮动。通过浮动，可以将属性关键帧移动到不同的帧或在各个帧之间移动以创建流畅的动画。

选择时间轴中的补间范围或者舞台上的补间对象或运动路径后，动画编辑器就会显示该补间的属性曲线。动画编辑器将在网格上显示属性曲线，该网格表示发生选定补间的时间轴的各个帧。在时间轴和动画编辑器中，播放头将始终出现在同一帧编号中。

（6）选中"基本动画"组的"X"时间轴，在 60 帧右键单击，在弹出的快捷菜单中选择"插入关键帧"命令，结果如图 7.50 所示。在关键帧的黑色方块上按下鼠标左键，将方块向下拖动到 100 像素左右的位置，在舞台上会显示出小鸟移动的轨迹，如图 7.51 所示。采用同样的方法，选中"Y"时间轴，在关键帧的黑色方块上按下鼠标左键，将方块向下拖动到 55 像素左右的位置，在舞台上会显示出小鸟向上移动的情况。

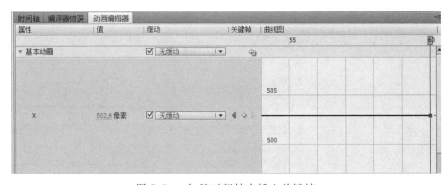

图 7.50　在 X 时间轴中插入关键帧

图 7.51　移动关键点位置

(7) 单击"时间轴"标签，用"任意变形"工具将 60 帧的小鸟调小，如图 7.52 所示。这样就完成了小鸟飞的补间动画。

图 7.52　小鸟飞行补间动画

(8) 选择菜单栏的"控制"→"测试影片"命令测试动画，就能看到小鸟飞的动画。

3．圆变方形状补间动画制作

(1) 创建一个新 Flash 文档，选择"文件"→"新建"命令，设置舞台大小为 550 像素×400 像素，背景色为白色。

(2) 选择椭圆工具，将填充色设置为蓝色，然后在按住 Shift 键的同时于舞台上绘制一个圆，如图 7.53 所示。

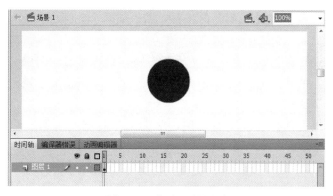

图 7.53　舞台上的圆形

(3) 在时间轴面板的第 24 帧按 F6 键插入一关键帧，删除舞台上的圆，然后选择矩形工具，并将填充色改为红色，按住 Shift 键的同时于舞台上绘制一个正方形，如图 7.54 所示。

(4) 在时间轴面板上的两个关键帧之间的任一帧上右键单击，在弹出的菜单中选择"创建补间形状"命令，之后界面如图 7.55 所示。至此一个简单的形变动画制作完成。

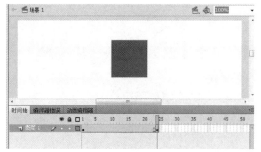
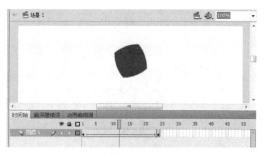

图 7.54 舞台上的正方形　　　　图 7.55 创建补间形状后的舞台情况

（5）测试影片，可以看到一个蓝色的圆变成红色的方形。

7.4.3 创建引导层动画

1. 引导层

为了在绘画时帮助对象对齐，可以创建引导层，然后将其他层上的对象与引导层上的对象对齐。引导层中的内容不会出现在发布的 SWF 动画中，可以将任何层用做引导层，它是用层名称左侧的辅助线图标表示的。

还可以创建运动引导层，用来控制运动补间动画中对象的移动情况。这样不仅仅可以制作出沿直线移动的动画，也能制作出沿曲线移动的动画。

2. 沿引导线运动的小球制作

（1）制作一个小球移动的动画

① 用工具面板上的椭圆工具按住 Shift 键绘制一个小圆，选择一径向渐变的填充颜色填充小圆球。

② 在时间轴面板上选择第 1 帧，单击鼠标右键，在弹出菜单上选择"创建传统补间"。

③ 在时间轴第 60 帧（多少帧自己定，帧数越多，动画速度越慢，帧数越少，动画速度越快）单击鼠标右键，在弹出的菜单上选择"插入关键帧"。

④ 将第 60 帧的小球向右拖动到新的位置，结果如图 7.56 所示。

（2）制作引导线

① 在时间轴面板上选择小球直线运动所在图层，然后新建一图层（时间轴面板上有一个新建图层的按钮），使其在小球运动图层的上一图层，在该图层上用铅笔等画线工具绘制一条曲线，如图 7.57 所示。

② 在时间轴面板上选择曲线所在图层，单击鼠标右键，在弹出的菜单上选择"引导层"，使曲线变成引导线。

（3）引导小球

① 用鼠标左键按住小球直线运动所在图层稍向上拖动，使其被引导。

② 选择第 1 帧，拖动小球到引导线的第 1 个端点，选择最后 1 帧，拖动小球到引导线的第 2 个端点，如图 7.58 所示。

（4）测试影片

选择"控制"→"测试影片"命令，就能看到小球沿引导线移动的动画效果。选择"文件"→"保存"命令将动画保存以备后用。

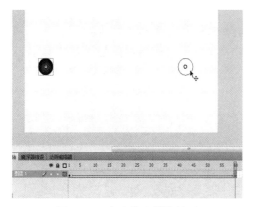
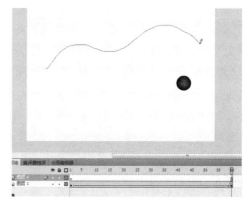

图 7.56 小球移动制作界面　　　　　　　　图 7.57 制作的引导线

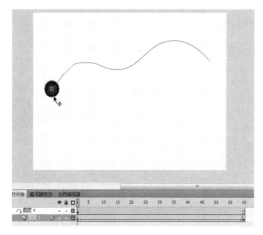
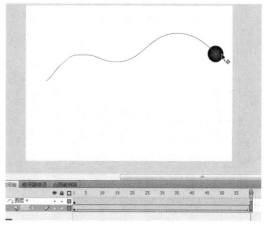

图 7.58 引导小球

7.4.4 遮罩层动画

1. 遮罩层

遮罩动画是 Flash 中的一个很重要的动画类型，很多效果丰富的动画都是通过遮罩动画来完成的。在 Flash 的图层中有一个遮罩图层类型，为了得到特殊的显示效果，可以在遮罩层上创建一个任意形状的"视窗"，遮罩层下方的对象可以通过该"视窗"显示出来，而"视窗"之外的对象将不会显示。

在 Flash 动画中，"遮罩"主要有两种用途：一是用在整个场景或一个特定区域，使场景外的对象或特定区域外的对象不可见；二是用来遮罩某一元件的一部分，从而实现一些特殊的效果。

2. 聚光灯照字动画制作

本例通过用文字层遮罩来实现聚光灯照字的效果，主要掌握"遮罩"层制作的 3 个过程：
- 制作要遮罩的实体层，本例是对圆球进行遮罩。
- 制作遮罩层，本例使用文字作为遮罩物。
- 选中遮罩层，单击右键选择遮罩层。

(1) 创建一个新 Flash 文档，选择"文件"→"新建"命令，设置舞台大小为 550 像素×

130像素，背景色为浅蓝色。

（2）选择"文本"工具，在"属性"面板中选择"隶书"字体，"大小"设置为80，"颜色"设置为黄色，"字距调整"设置为20，如图7.59所示。然后在图层1第1帧输入文字"聚光灯照文字的效果"，如图7.60所示。

图7.59　文字属性设置

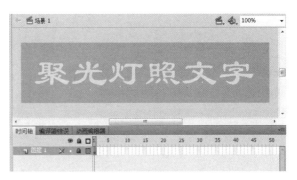
图7.60　输入文字

（3）在时间轴上新建一个图层，并命名为"灯光"，在第1帧使用"椭圆"工具绘制一个圆，如图7.61所示。Flash会忽略遮罩层中的位图、渐变、透明度、颜色和线条样式。在遮罩中的任何填充区域都是完全透明的，而任何非填充区域都是不透明的。

（4）在"灯光"层的第90帧插入关键帧，将关键帧中的圆形移动到文字的右边，在1~90帧之间创建传统补间动画。回到文字所在的图层1，在90帧插入普通帧。

（5）右键单击"灯光"图层名称，在弹出的快捷菜单上选择"遮罩层"命令，下面的层自动被遮罩层遮罩，如图7.62所示。

图7.61　建立遮罩项

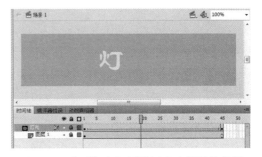
图7.62　将"灯光"层设置为遮罩层效果图

（6）测试影片。选择"控制"→"测试影片"命令，就能看到一个聚光灯照字的动画效果。选择"文件"→"保存"命令将动画保存以备后用。

7.4.5　骨骼动画

1. 关于骨骼动画

在动画设计软件中，运动学系统分为正向运动学和反向运动学两种。正向运动学指的是对于有层级关系的对象，父对象的动作将影响到子对象，而子对象的动作将不会对父对象造成任何影响。例如，当对父对象进行移动时，子对象也会同时随着移动。而子对象移动时，父对象不会产生移动。由此可见，正向运动中的动作是向下传递的。

与正向运动学不同，反向运动学的动作传递是双向的，当父对象进行位移、旋转或缩放等动作时，其子对象会受到这些动作的影响，反之，子对象的动作也将影响到父对象。反向运动是通过一种连接各种物体的辅助工具来实现的运动，这种工具就是 IK（Inverse Kinematics，反向动力学）骨骼，也称反向运动骨骼。使用 IK 骨骼制作的反向运动学动画，就是骨骼动画。

在 Flash 中，创建骨骼动画一般有两种方式：一种方式是为实例添加与其他实例相连接的骨骼，使用关节连接这些骨骼，骨骼允许实例链一起运动；另一种方式是在形状对象（即各种矢量图形对象）的内部添加骨骼，通过骨骼来移动形状的各个部分以实现动画效果，这样操作的优势在于无须绘制运动中该形状的不同状态，也无须使用补间形状来创建动画。

2. 骨骼动画的制作

（1）定义骨骼

Flash CS5 提供了一个"骨骼"工具，使用该工具可以向影片剪辑元件实例、图形元件实例或按钮元件实例添加 IK 骨骼。在工具箱中选择"骨骼"工具命令项，单击一个对象，然后拖动到另一个对象，释放后就可以创建两个对象间的连接。此时，两个元件实例间将显示出创建的骨骼（如图 7.63 所示）。在创建骨骼时，第 1 个骨骼是父级骨骼，骨骼的头部为圆形端点，有一个圆圈围绕着头部。骨骼的尾部为尖形，有一个实心点。

图 7.63 骨骼形状

（2）创建骨骼动画

在为对象添加了骨骼后，就可以创建骨骼动画了。在制作骨骼动画时，可以在开始关键帧中制作对象的初始姿势，在后面的关键帧中制作对象不同的姿态，Flash 会根据反向运动学的原理计算出连接点间的位置和角度，创建从初始姿态到下一个姿态转变的动画效果。

在完成对象的初始姿势的制作后，在"时间轴"面板中右键单击动画需要延伸到的帧，选择关联菜单中的"插入姿势"命令。在该帧中选择骨骼，调整骨骼的位置或旋转角度。此时 Flash 将在该帧创建关键帧，按 Enter 键测试动画即可看到创建的骨骼动画效果。

3. 设置骨骼动画属性

（1）设置缓动

在创建骨骼动画后，需要在属性面板中设置缓动。Flash 为骨骼动画提供了几种标准的缓动，可以对骨骼的运动进行加速或减速，从而使对象的移动获得重力效果。

（2）约束连接点的旋转和平移

在 Flash 中，可以通过设置对骨骼的旋转和平移进行约束。约束骨骼的旋转和平移，可以控制骨骼运动的自由度，创建更为逼真和真实的运动效果。

（3）设置连接点速度

连接点速度决定了连接点的黏性和刚性，当连接点速度较低时，该连接点将反应缓慢，当连接点速度较高时，该连接点将具有更快的反应。在选取骨骼后，在"属性"面板的"位置"栏的"速度"文本框中输入数值，可以改变连接点的速度。

（4）设置弹簧属性

弹簧属性是 Flash CS5 新增的一个骨骼动画属性。在舞台上选择骨骼后，在"属性"面板中展开"弹簧"设置栏。该栏中有两个设置项，其中"强度"用于设置弹簧的强度，输入值越大,弹簧效果越明显。"阻尼"用于设置弹簧效果的衰减速率,输入值越大,动画中弹簧属性减小得越快,动画结束得就越快,其值设置为 0 时,弹簧属性在姿态图层的所有帧中都将保持最大强度。

4. 用骨骼动画制作老人出行动画

(1) 分割图形

① 创建一个新 Flash 文档,选择"文件"→"新建"命令,设置舞台大小为 550 像素×400 像素,背景色为白色。然后导入如图 7.64 所示的图片。

② 将老人的各肢体转换为影片剪辑(因为皮影戏的角色只做平面运动),然后将角色的关节简化为 10 段 6 个连接点,如图 7.65 所示。

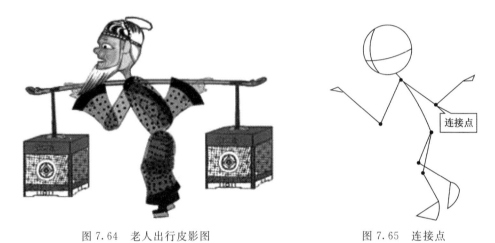

图 7.64　老人出行皮影图　　　　图 7.65　连接点

③ 按连接点切割人物的各部分,然后将每个部分转换为影片剪辑,如图 7.66 所示。

图 7.66　切割图片

④ 将各部分的影片剪辑放置好,然后选中所有元件,再将其转换为影片剪辑(名称为"老人"),如图 7.67 所示。

(2) 制作老人行走动画

① 选择"工具箱"中的"骨骼"工具,然后在左手上创建骨骼,如图 7.68 左边图所示。

注意:使用"骨骼"工具连接两个轴点时,要注意关节的活动部分,可以配合"选择"工具和 Ctrl 键来进行调整。

② 采用相同的方法创建出头部、身体、左手、右手、左脚与右脚的骨骼。

③ 人物的行走动画使用 35 帧完成,因此在各图层的第 35 帧插入帧。

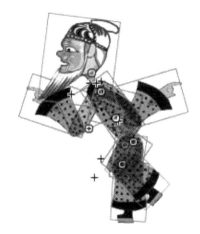

图 7.67　元件放置图

图 7.68　创建左手骨骼

④ 调整第 10 帧、第 18 帧和第 27 帧上的动作，使角色在原地行走，然后创建出"担子"在行走时起伏运动的传统补间动画，如图 7.69 所示。

图 7.69　调整行走动作

⑤ 返回到主场景，然后创建出"老人"影片剪辑的补间动画，使其向前移动一段距离，如图 7.70 所示。

（3）测试影片。选择"控制"→"测试影片"命令，就能看到老人行走的动画效果。选择"文件"→"保存"命令将动画保存。

图 7.70　创建补间动画

7.5　声音的使用

Flash 支持在动画中引入声音，从而让 Flash 动画变得更加有趣和引人入胜。

7.5.1　导入声音

图 7.71　导入音乐后的库面板

选择"文件"→"导入"→"导入到库"命令，弹出"导入"对话框，在其中选择需要导入的声音文件，最后单击"打开"按钮即可将声音文件导入到库中，图 7.71 所示是对小鸟飞动画中添加声音后的库面板。声音导入 Flash 文档后，库面板中将显示声音的波形图，单击"播放"按钮可以试听声音效果。

7.5.2　使用声音

在小鸟飞动画时间轴上添加一个新图层，并将图层命名为"音乐"，选择该音乐图层的第 1 帧，从库中将需要的声音文件拖放到舞台上，此时在该音乐图层的时间轴上将显示声音的波形图，声音被添加到文档中，如图 7.72 所示。

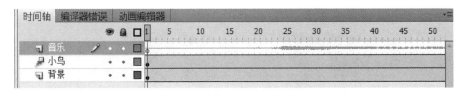

图 7.72　插入音乐的时间轴

注意：在向文档中添加声音时，可以将多个声音放置到同一个图层中，也可以放置到包含动画的图层中。但最好将不同的声音放置在不同的图层中，每个图层相当于一个声道，这样有助于声音的编辑处理。

7.5.3　编辑声音

1. 更改声音

与放置在库中的各种元件一样，声音放置到库中后，可以在文档的不同位置重复使用。在时间轴上添加声音后，在声音图层中选择任意一帧，在"属性"面板的"名称"下拉列表框中选择声音文件，此时，选择的声音文件将替换当前图层中的声音。

2. 添加声效

添加到文档中的声音可以添加声音效果。在"时间轴"面板中选择声音图层的任意帧，在"属性"面板的"效果"下拉列表框中选择声音效果即可。

3. 声音编辑器

在时间轴上选择声音所在图层，在"属性"面板中单击"效果"下拉列表框右侧的"编辑声音封套"按钮（或在"效果"下拉列表中选择"自定义"选项），将打开"编辑封套"对话框，如图 7.73 所示。使用该对话框将能够对声音的起始点、终止点和播放时的音量进行设置。

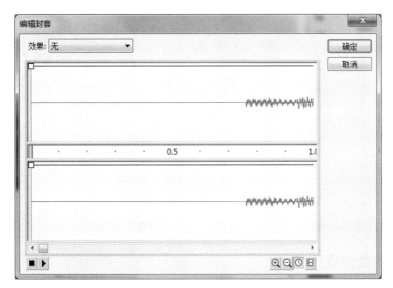

图 7.73 "编辑封套"对话框

4. 同步声音

Flash 的声音可以分为两类：一类是事件声音，另一类是流式声音。

事件声音：将声音与一个事件相关联，只有当事件触发时，声音才会播放。例如，单击按钮时发出的提示声音就是一种经典的事件声音。事件声音必须全部下载完毕后才能播放，除非声音全部播放完，否则其将一直播放下去。

流式声音：一种边下载边播放的声音，使用这种方式能够在整个影片范围内同步播放和控制声音。当影片播放停止时，声音的播放也会停止。这种方式一般用于体积较大、需要与动画同步播放的声音文件。

5. 声音的循环和重复

选择声音所在图层，在"属性"面板中可以设置声音是重复播放还是循环播放。

6. 压缩声音

当添加到文档中的声音文件较大时，将会导致 Flash 文档的增大。当将影片发布到网上时，会造成影片下载过慢，影响观看效果。要解决这个问题，可以对声音进行压缩。

在"库"面板中双击声音图标（或在选择声音后单击"库"面板下的"属性"按钮），打开"声音属性"对话框，如图 7.74 所示。该对话框将显示声音文件的属性信息，在"压缩"下拉列表中可以选择对声音使用的压缩格式。

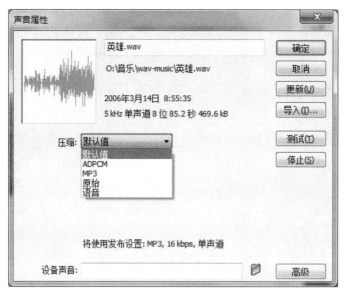

图 7.74 "声音属性"对话框

7.6 动画的发布

完成 Flash 文档后,就可以对其进行发布,以便能够在浏览器中查看它。

7.6.1 发布的文件格式

发布 FLA 文件时,Flash 提供多种形式发布动画,其中比较重要的格式如下所示。

(1) SWF 格式

SWF(Shock Wave Flash)是 Flash 的专用格式,是一种支持矢量和点阵图形的动画文件格式,被广泛应用于网页设计、动画制作等领域。SWF 文件通常也被称为 Flash 文件,其优点是体积小、颜色丰富,且支持与用户交互,可用 Adobe Flash Player 打开,但浏览器必须安装 Adobe Flash Player 插件。

(2) GIF 格式

GIF 就是图像交换格式(Graphics Interchange Format),其特点是如下:

- 只支持 256 色以内的图像。
- 采用无损压缩存储,在不影响图像质量的情况下,可以生成很小的文件。
- 支持透明色,可以使图像浮现在背景之上。
- GIF 文件可以制作动画,这是它最突出的一个特点。

如果 Flash 制作的动画颜色要求不高,且没有交互,则可以发布为该格式。

(3) exe 可执行文件格式

一种内嵌播放器的格式,可以在任何环境中自由播放。

7.6.2 发布动画

选择"文件"→"发布设置"命令,打开"发布设置"对话框,如图 7.75 所示。在

"发布设置"对话框中选择"Flash"选项卡，可以对 Flash 发布的细节进行设置，包括"图像和声音"、"SWF 设置"等，如图 7.76 所示。设置完毕后单击"发布"按钮，完成动画的发布。

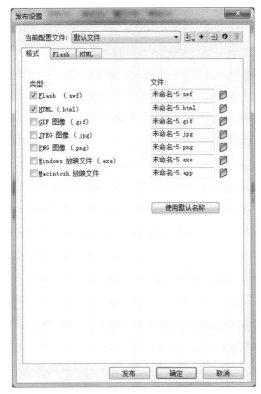

图 7.75 "发布设置"对话框　　　　　　　图 7.76 SWF 格式设置项

习题 7

一、填空题

1. SWF 格式十分适合在 Internet 上使用，因为它的文件很小。这是因为它大量使用了_____。
2. 图层可以组织文档中的插图，可以在图层上绘制和编辑对象，而_____影响其他图层上的对象。
3. 元件是一些可以_____使用的对象，它们被保存在库中。实例是出现在舞台上或者嵌套在其他元件中的_____。
4. 按钮用于在动画中实现_____，有时也可以使用它来实现某些特殊的动画效果。
5. 选择套索工具后会在工具栏的下方会出现"_____"和"_____"选取工具。
6. 逐帧动画就是对_____的内容逐个编辑，然后按一定的时间顺序进行播放而形成的动画，它是最基本的动画形式。
7. 可以创建引导层，用来控制运动补间动画中对象的移动情况，它可以制作出_____移动的动画。
8. TLF 文本要求在 FLA 文件的发布设置中指定_____和_____或更高版本。
9. 在 Flash 的图层中有一个遮罩图层类型，为了得到特殊的显示效果，可以在遮罩层上创建一个任意形状的"视窗"，遮罩层下方的对象可以通过该"视窗"_____，而"视窗"之外的对象将_____。

10. Flash CS5 提供了一个"_____"工具，使用该工具可以向影片剪辑元件实例、图形元件实例或按钮元件实例添加 IK 骨骼。

二、选择题

1. 下面哪种工具可以制作 gif 动画？（   ）
   A. CorelDRAW   B. Photoshop   C. GIF Animator   D. Cool Edit
2. 以下是矢量动画相对于位图动画的优势，但（   ）除外。
   A. 文件大小要小很多   B. 放大后不失真
   C. 更加适合表现丰富的现实世界   D. 可以在网上边下载边播放
3. Flash 的元件包括图形、影片剪辑和（   ）。
   A. 图层   B. 时间轴   C. 按钮   D. 声音
4. 如果要在第 5 帧产生一个关键帧，下面哪种操作是错误的？（   ）
   A. 在时间轴上单击第 5 帧，按 F6 键
   B. 在时间轴上单击第 5 帧，在舞台上绘制任意图形
   C. 在时间轴上单击第 5 帧，单击右键，选择"插入关键帧"
   D. 在时间轴上单击第 5 帧，单击菜单项"插入关键帧"
5. 要把一个绘制的正方形制作成 50 帧的补间动画，下面（   ）操作是错误。
   A. 将整个正方形全部选中
   B. 将正方形转换为元件
   C. 在第 50 帧插入空白关键帧
   D. 在第一帧上单击右键，选择"创建补间动画"
6. 通过填充变形工具，不能调整填充颜色的（   ）属性。
   A. 角度   B. 宽窄   C. 范围   D. 颜色
7. 通过补间动画，可以制作的动画效果有多种，除了（   ）。
   A. 曲线运动   B. 颜色变化的动画   C. 旋转动画   D. 大小变化的动画
8. 关于图层，下面的说法不正确的是（   ）。
   A. 各个图层上的图像互不影响
   B. 上面图层的图像将覆盖下面图层的图像
   C. 如果要修改某个图层，必须将其他图层隐藏起来
   D. 常常将不变的背景作为一个图层，并放在最下面
9. 以下（   ）不是 Flash 所支持的图像或声音格式。
   A. JPG   B. MP3   C. PSD   D. GIF
10. 关于脚本，下面的哪种说法不正确？（   ）
    A. 通过脚本可以控制动画的播放流程
    B. Flash 的脚本功能强大
    C. 使用脚本必须要进行专门的编程学习
    D. 使用按钮往往需要结合脚本来使用

三、简答题

1. 相对于传统的 GIF 动画格式，Flash 动画有什么优势？
2. Flash 中的时间轴主要由哪些部分组成？它们各自的作用是什么？
3. 形变动画和运动动画的主要区别是什么？
4. 元件与实例有什么关联？
5. 骨骼动画适合什么样的动画制作？

四、操作题

1. 制作一个风筝在天空飞翔的 Flash 动画，并选择一个音乐作为背景音乐。

2. 在 Flash 中使用逐帧动画的方式，制作一个水滴的动画示例，并按照 Flash 和 GIF 两种格式输出。
3. 选择一首喜爱的 MP3 歌曲，设计一些动画，尝试制作一首歌曲的 Flash MTV。
4. 用 Flash 制作一个日出到日落的动画，应该包含如下内容：
   - 有一个简单的场景（可以是大山，大海等）；
   - 太阳从升起到落下的动画；
   - 太阳在运动过程中的颜色的变化；
   - 其他的一些辅助的内容（云彩，整个场景的明暗的变化）。
5. 绘制一个简易的飞机（或导入），制作飞机沿任意指定路线飞行，并同时留下飞行轨迹路径。
6. 使用文本工具输入一些文字，使用属性面板设置文字的字体、大小、颜色、行距和字符设置。设计一个文字飘动进入和消失的动画。

第 8 章 视频处理技术

视频技术的出现和发展有机地综合了多种媒体对信息的展现能力,革新了对信息的表达方式,使信息的表达从单一表达发展为文字、图形图像、声音、动画等多种媒体的综合表达,使得人和计算机之间的信息交流变得更为方便和准确。

8.1 视频概述

当连续的图像变化每秒超过 24 帧画面以上时,根据视觉暂留原理,人眼无法辨别单幅的静态画面,而看上去是平滑连续的视觉效果,这样连续的画面称为视频。而学术范畴的视频泛指将一系列静态影像以电信号方式加以捕捉、记录、处理、存储、传送与重现的各种技术。最早的视频技术是由电视系统的发展而推动的,记录方法相对单一,但随着信息技术的日益发达,视频记录的方式方法也发生了巨大的变化,出现了各种不同的视频格式。尤其是网络技术的发展,进一步促使视频的记录片段以串流媒体的形式在互联网上传送并可被计算机接收和播放。视频技术与电影技术是不一样的,电影技术主要利用照相技术将动态的影像捕捉为一系列的静态照片,并存储在胶卷上。

8.1.1 视频

1. 画面更新率

画面更新率(Frame Rate)指荧光屏上画面更新的速度,其单位为 fps(frame per second,帧每秒),画面更新率越高,画面越流畅。典型的画面更新率由早期的每秒 6 或 8 张发展至现今的每秒 120 张不等。而要达成最基本的视觉暂留效果,大约需要 10fps 的速度。PAL(欧洲、亚洲、澳洲等地的电视广播格式)与 SECAM(法国、俄罗斯、部分非洲地区的电视广播格式)规定其更新率为 25fps,NTSC(美国、加拿大、日本等地的电视广播格式)规定其更新率为 29.97fps。电影一般采用 24fps 拍摄记录到电影胶卷上,这就导致各国电视广播在播映电影时需要进行一系列复杂的转换。

2. 模拟视频和数字视频

模拟视频是一种用于传输图像和声音且随时间连续变化的电信号。早期视频的获取、存储和传输都采用模拟方式。以前人们在电视上所见到的视频图像就是以模拟电信号的形式记录下来的,通常可用磁带录像机将其模拟电信号记录在磁带上,并用模拟调幅的手段在空间传播。数字视频就是以数字信号形式记录的视频,和模拟视频相对。数字视频的产生方式有多种,其存储方式和播出方式也各不相同。比如通过数字摄像机可以直接产生数字视频信号,存储在数字带、P2 卡、蓝光盘或磁盘等介质上,从而得到不同格式的数字视频。而这些数字视频可以通过 PC 或特定的播放器等播放出来。

3. 视频分辨率

视频分辨率指单位长度内的像素个数,是用于度量图像内数据量多少的一个参数,通常表示成 ppi（pixel per inch，像素每英寸）。而人们常说的视频多少乘多少是视频的高/宽像素值。例如，一个 320 像素×180 像素的视频是指它在横向和纵向上的有效像素个数是 320 和 180，窗口小时，ppi 值较高，看起来清晰；窗口放大时，由于没有那么多有效像素填充窗口，有效像素 ppi 值下降，视频就模糊了（放大时有效像素间的距离拉大，而显卡会进行插值，把这些空隙填满，但是插值所用的像素是根据上下左右的有效像素"猜"出来的"假像素"，没有原视频信息）。所以，习惯上人们说的分辨率是指图像的高/宽像素值，严格意义上的分辨率是指单位长度内的有效像素值。

4. 视频压缩

由于视频实际上就是快速播放的一组图片，因此图片数量巨大，而图片本身的数据量就不小，这就使得视频的一个非常突出的特点就是数据量大。这不利于携带和传送，所以应该在尽可能保证视觉效果的前提下减少视频数据量，这正是视频压缩的目标。视频压缩比一般指压缩前后的数据量之比。由于视频由连续播放的静态图像构成，因此其压缩编码算法与静态图像的压缩编码算法有很多相似之处，但是运动的视频还有其自身的特性，所以在压缩时还应该考虑其运动特性才能达到高压缩的目标。视频压缩按不同的标准可分成不同的类型。

（1）有损和无损压缩

根据压缩前和解压缩后的数据一致与否，可将视频压缩分为有损（Lossy）压缩和无损（Lossless）压缩。这两个概念与静态图像中的基本类似。无损压缩也即压缩前和解压缩后的数据完全一致。多数的无损压缩都采用 RLE 行程编码算法。有损压缩意味着解压缩后的数据与压缩前的数据不一致。这是因为有损压缩在压缩的过程中要丢失一些人眼和人耳所不敏感的图像或音频信息，而且丢失的信息不可恢复。几乎所有高压缩的算法都采用有损压缩，这样才能达到低数据量的目标。丢失的数据量与压缩后的数据量有关，压缩后的数据量越小，丢失的数据越多，解压缩后的效果一般越差。此外，某些有损压缩算法采用多次重复压缩的方式，这样还会引起额外的数据丢失。

（2）帧内和帧间压缩

根据压缩时考不考虑相邻帧之间的冗余信息，可将视频压缩分为帧内（Intraframe）压缩和帧间（Interframe）压缩。帧内压缩也称为空间压缩（Spatial Compression）。这种压缩仅考虑本帧的数据而不考虑相邻帧之间的冗余信息，实际上与静态图像压缩类似。帧内一般采用有损压缩算法，由于帧内压缩时各个帧之间没有相互关系，所以压缩后的视频数据仍可以以帧为单位进行编辑。帧内压缩一般达不到很高的压缩量。而帧间压缩则是基于许多视频或动画的连续前后两帧具有很大的相关性，或者说前后两帧信息变化很小的特点，也即连续的视频其相邻帧之间具有冗余信息，根据这一特性，压缩相邻帧之间的冗余信息就可以进一步提高压缩量，优化压缩比。帧间压缩也称为时间压缩（Temporal Compression），它通过比较时间轴上不同帧之间的数据进行压缩。帧间压缩一般是无损的。帧差值（Frame Differencing）算法是一种典型的时间压缩法，它通过比较本帧与相邻帧之间的差异，仅记录本帧与其相邻帧的差值，这样可以大大减少数据量。

（3）对称和不对称压缩

根据压缩和解压缩占用计算处理能力和时间是否一样，可将视频压缩分为对称和不对称压缩。对称性（Symmetric）是压缩编码的一个关键特征。对称意味着压缩和解压缩占用相同的计算处理能力与时间，对称算法适合于实时压缩和传送视频，如视频会议应用就宜采用对称的压缩编码算法为好。而在电子出版和其他多媒体应用中，一般是把视频预先压缩处理好，而后再播放，因此可以采用不对称（Asymmetric）压缩编码。不对称或非对称意味着压缩时需要花费大量的处理能力和时间，而解压缩时则能较好地实时回放，即以不同的速度进行压缩和解压缩。一般来说，压缩一段视频的时间比回放（解压缩）该视频的时间要多得多。例如，压缩一段3分钟的视频片断可能需要10多分钟的时间，而该片断实时回放时间只有3分钟。

8.1.2 视频数字化

视频数字化就是将模拟视频信号经过视频采集卡转换成数字视频文件存储在数字载体——硬盘中。在使用时，将数字视频文件从硬盘中读出，再还原成为电视图像加以输出。需要指出的一点是，视频数字化的概念建立在模拟视频占主角的时代，现在通过数字摄像机摄录的信号本身已是数字信号，只不过需要从磁带上转到硬盘中，现在视频数字化的含义更确切地是指这个过程。对视频信号的采集，尤其是动态视频信号的采集，需要很大的存储空间和数据传输速度。这就需要在采集和播放过程中对图像进行压缩和解压缩处理，一般都采用前面讲过的压缩方法，只不过是利用硬件进行压缩。目前大多使用的是带有压缩芯片的视频采集卡。

数字视频的来源有很多，如来自于摄像机、录像机、影碟机等视频源的信号，包括从家用级到专业级、广播级的多种素材。还有计算机软件生成的图形、图像和连续的画面等。高质量的原始素材是获得高质量最终视频产品的基础。首先提供模拟视频输出的设备，如录像机、电视机、电视卡等；然后提供可以对模拟视频信号进行采集、量化和编码的设备，这一般都由专门的视频采集卡来完成；最后，由多媒体计算机接收和记录编码后的数字视频数据。在这一过程中起主要作用的是视频采集卡，它不仅提供接口以连接模拟视频设备和计算机，而且具有把模拟信号转换成数字数据的功能。

值得注意的是，数字化后的视频存在大量的数据冗余。

8.1.3 常用视频格式

1. AVI 格式

AVI 是 Audio Video Interleaved（音频视频交错）的缩写，它是由微软公司开发的一种数字音频与视频文件格式，原先仅用于微软的视窗视频操作环境（VFW，Microsoft VIDEo for Windows），现在已被大多数操作系统直接支持。AVI 格式允许视频和音频交错在一起同步播放，但 AVI 文件没有限定压缩标准，由此也造就了 AVI 文件格式不具有兼容性。不同压缩标准生成的 AVI 文件，就必须使用相应的解压缩算法才能将其播放出来。AVI 格式调用方便、图像质量好，但缺点就是文件体积过于庞大。

2. MPEG 格式

MPEG 是 Moving Picture Expert Group（动态图像专家组）的缩写，它是我们平常接触得最多的一种视频格式，家里常看的 VCD、SVCD、DVD 就是这种格式。MPEG 格式有3个常用的压缩标准，分别是 MPEG-1、MPEG-2 和 MPEG-4。

3. RM 格式

RM 格式是国外知名的 RealNetworks 公司开发的一种新型流式视频文件格式，共有3个成员：RealAudio、RealVIDEo 和 RealFlash。RealAudio 用来传输接近 CD 音质的音频数据，RealVIDEo 用来传输连续视频数据，而 RealFlash 则是 RealNetworks 公司与 Macromedia 公司合作推出的一种高压缩比的动画格式。RealMedia 可以根据网络数据传输速率的不同制定不同的压缩比率，从而实现在低速率的广域网上进行影像数据的实时传送和实时播放。这里主要介绍 RealVIDEo，它除了可以以普通的视频文件形式播放之外，还可以与 RealServer 相配合，首先由 RealEncoder 负责将已有的视频文件实时转换成 RealMedia 格式，RealServer 则负责广播 RealMedia 视频文件。在数据传输过程中可以边下载边由 RealPlayer 播放视频影像，而不必像大多数视频文件那样，必须先下载然后才能播放。目前，Internet 上已有不少网站利用 RealVIDEo 技术进行重大事件的实况转播。

由 RM 视频格式升级延伸出的一种视频格式是 RMVB，它的先进之处在于其打破了原先 RM 格式那种平均压缩采样的方式，在保证平均压缩比的基础上合理利用比特率资源，就是说静止和动作场面少的画面场景采用较低的编码速率，这样可以留出更多的带宽空间，而这些带宽会在出现快速运动的画面场景时被利用。这样就在保证静止画面质量的前提下，大幅地提高了运动图像的画面质量，从而图像质量和文件大小之间就达到了微妙的平衡。

4. FLV 格式

FLV 流媒体格式是一种全新的视频格式，全称为 Flash VIDEo。由于它形成的文件极小、加载速度极快，使得网络观看视频文件成为可能。它的出现有效地解决了视频文件导入 Flash 后，使导出的 SWF 文件体积庞大，不能在网络上很好地应用等缺点，因此 FLV 格式成为了当今的主流视频格式。目前被众多新一代视频分享网站所采用，是目前增长最快、最为广泛的视频传播格式。几乎全球所有热门的在线视频网站都采用了 FLV 视频格式，大家熟悉的土豆、优酷、酷 6 以及新浪播客等网站也不例外。FLV 作为一种新兴的网络视频格式，能得到众多的网站支持并非偶然。除了 FLV 视频格式本身占有率低、视频质量良好、体积小等特点适合目前网络发展外，丰富、多样的资源也是 FLV 视频格式统一在线播放视频格式的一个重要因素。无论是最新最热的大片，还是网友自拍的各种搞笑视频等，都可以在网上轻易找到。

5. MOV 格式

MOV 格式是由美国著名的 Apple（苹果）公司开发的一种视频格式，其默认的播放器是苹果的 QuickTime Player。这种格式具有较高的压缩比率和较完美的视频清晰度，但是其最大的特点还是跨平台性，不仅苹果 Mac 系统可以使用，而且 Windows 系统同样可以使用。QuickTime 文件格式支持 25 位彩色，支持领先的集成压缩技术，提供 150 多种视频效果，并配有提供了 200 多种 MIDI 兼容音响和设备的声音装置。目前，这种视频格式也得到了业界的广泛认可，已成为数字媒体软件技术领域的事实上的工业标准。

6. ASF 格式

ASF 格式的全称为 Advanced Streaming Format，是由微软公司推出的高级流格式，也是一个在 Internet 上实时传播多媒体的技术标准。ASF 的主要优点包括：本地或网络回放、可扩充的媒体类型、部件下载及扩展性等。ASF 应用的主要部件是 NetShow 服务器和 NetShow 播放器。有独立的编码器将媒体信息编译成 ASF 流，然后发送到 NetShow 服务器，再由 NetShow 服务器将 ASF 流发送给网络上的所有 NetShow 播放器，从而实现单路广播或多路广播。该格式是微软为了和 Real Player 竞争而推出的一种视频格式，用户可以直接使用 Windows 系统附带的 Windows Media Player 对其进行播放。

7. WMV 格式

WMV 格式的全称是 Windows Media VIDEo，它也是微软推出的一种采用独立编码方式并且可以直接在网上实时观看视频节目的文件压缩格式。WMV 格式的主要优点包括：本地或网络回放、可扩充的媒体类型、部件下载、可伸缩的媒体类型、流的优先级化、多语言支持、环境独立性、丰富的流间关系及扩展性等。

8. MKV 格式

MKV 格式是民间流行的一种视频格式，它以兼容众多视频编码见长，可以是 DivX、XviD、RealVIDEo、H264、MPEG-2、VC1 等。但由于是民间格式，因而没有版权限制，又易于播放，所以官方发布的视频影片都不采用 MKV 格式。

9. 蓝光（Blu-ray）

Blu-ray Disc（简称 BD）是新一代光盘存储，普通蓝光盘可以达到 20GB 以上的容量，甚至达到惊人的 100GB，所以可以存储更清晰的影片，属于高清格式。

8.2 常用视频压缩标准

视频压缩有很多种标准，如 ITU（国际电信联盟）制定的 H.261、H.263、H.264 等，以及 ISO 提出的 MPEG-1、MPEG-2、MPEG-4 及 MPEG-7 等。有线电视就是一种 MPEG-2 的应用，MPEG-4 现在应用也很广泛，比如监控、网上直播和部分的视频会议。下面介绍几种常用的视频压缩标准。

1. M-JPEG（Motion-Join Photographic Experts Group）标准

JPEG（Joint Photographic Experts Group）标准主要用于连续色调、多级灰度、彩色/单色静态图像压缩，这种格式具有较高的压缩比，如一个 1000KB 的 BMP 文件压缩成 JPEG 格式后可能只有 20～30KB，且在压缩过程中的失真程度很小。目前这种格式的使用范围广泛（特别是 Internet 网页中）。这种有损压缩在牺牲较少细节的情况下用典型的 4:1～10:1 的压缩比来存档静态图像。动态 JPEG（M-JPEG）可顺序地对视频的每一帧进行压缩，就像每一帧都是独立的图像一样。动态 JPEG 能产生高质量、全屏、全运动的视频，但它需要依赖附加的硬件。

M-JPEG（Motion-Join Photographic Experts Group）标准即运动静止图像（或逐帧）压缩技术，广泛应用于非线性编辑领域，可精确到帧编辑和多层图像处理，把运动的视频序列作为连续的静止图像来处理，这种压缩方式单独完整地压缩每一帧，在编辑过程中可随机存储每一帧，可进行精确到帧的编辑，此外 M-JPEG 的压缩和解压缩是对称的，可由相同的硬件和软件实现。但 M-JPEG 只对帧内的空间冗余进行压缩，而不对帧间的时间冗余进行压缩，故压缩效率不高。采用 M-JPEG 数字压缩格式，当压缩比 7:1 时，可提供相当于 Betecam SP 质量图像的节目。M-JPEG 的优点是可以很容易做到精确到帧的编辑、设备比较成熟；缺点是压缩效率不高。此外，M-JPEG 这种压缩方式并不是一个完全统一的压缩标准，不同厂家的编解码器和存储方式并没有统一的规定格式。也就是说，每个型号的视频服务器或编码板有自己的 M-JPEG 版本，所以在服务器之间的数据传输、非线性制作网络向服务器的数据传输都根本是不可能的。

2. H.263 标准

H.263 是国际电联 ITU-T 的一个标准草案，是为低码流通信而设计的，但实际上该标准可应用于很宽的码流范围，而非只用于低码流应用，它在许多应用中可以认为被用于取代 H.261。H.263 的编码算法与 H.261 的一样，但做了一些改善和改变，以提高性能和纠错能力。H.263 标准在低码率下能够提供比 H.261 更好的图像效果，两者的区别有：(1) H.263 的运动补偿使用半像素精度，而 H.261 则使用全像素精度和循环滤波；(2) 数据流层次结构的某些部分在 H.263 中是可选的，这使得编解码可以配置成更低的数据率或更好的纠错能力；(3) H.263 包含 4 个可协商的选项以改善性能；(4) H.263 采用无限制的运动向量及基于语法的算术编码；(5) 采用事先预测和与 MPEG 中的 P-B 帧一样的帧预测方法；(6) H.263 支持 5 种分辨率，即除了支持 H.261 中所支持的 QCIF 和 CIF 外，还支持 SQCIF、4CIF 和 16CIF，SQCIF 相当于 QCIF 一半的分辨率，而 4CIF 和 16CIF 分别为 CIF 的 4 倍和 16 倍。1998 年，IUT-T 推出的 H.263+ 是 H.263 建议的第 2 版，它提供了 12 个新的可协商模式和其他特征，进一步提高了压缩编码性能。如 H.263 只有 5 种视频源格式，H.263+ 允许使用更多的源格式，图像时钟频率也有多种选择，拓宽了应用范围；另一重要的改进是可扩展性，它允许多显示率、多速率及多分辨率，增强了视频信息在易误码、易丢包异构网络环境下的传输。另外，H.263+ 对 H.263 中的不受限运动矢量模式进行了改进，加上 12 个新增的可选模式，不仅提高了编码性能，而且增强了应用的灵活性。H.263 已经基本上取代了 H.261。

3. MPEG (Motion Picture Experts Group, 全球影像/声音/系统压缩标准) 标准

MPEG 标准包括 MPEG 视频、MPEG 音频和 MPEG 系统 (视音频同步) 三个部分。MPEG 压缩标准是针对运动图像而设计的，基本方法是，在单位时间内采集并保存第 1 帧信息，然后就只存储其余帧相对于第一帧发生变化的部分，以达到压缩的目的。MPEG 压缩标准可实现帧之间的压缩，其平均压缩比可达 50:1，压缩率比较高，且又有统一的格式，兼容性好。在多媒体数据压缩标准中，较多采用 MPEG 系列标准，包括 MPEG-1、MPEG-2、MPEG-4 等。MPEG-1 用于传输 1.5Mbps 数据传输率的数字存储媒体运动图像及其伴音的编码，经过 MPEG-1 标准压缩后，视频数据压缩率为 1/100～1/200，音频压缩率为 1/6.5。MPEG-1 提供每秒 30 帧的 352×240 分辨率的图像，当使用合适的压缩技术时，具有接近家用视频制式 (VHS) 录像带的质量。MPEG-1 允许超过 70 分钟的高质量的视频和音频存储在一张 CD-ROM 盘上。VCD 采用的就是 MPEG-1 标准，该标准是一个面向家庭电视质量级的视频、音频压缩标准。MPEG-2 主要针对高清晰度电视 (HDTV) 的需要，传输速率为 10Mbps，与 MPEG-1 兼容，适用于 1.5～60Mbps 甚至更高的编码范围。MPEG-2 有每秒 30 帧的 704×480 的分辨率，是 MPEG-1 播放速度的 4 倍。它适用于高要求的广播和娱乐应用程序，如 DSS 卫星广播和 DVD，MPEG-2 是家用视频制式 (VHS) 录像带分辨率的 2 倍。MPEG-4 标准是超低码率运动图像和语言的压缩标准，用于传输速率低于 64Mbps 的实时图像传输，它不仅可覆盖低频带，也向高频带发展。较之前两个标准而言，MPEG-4 为多媒体数据压缩提供了一个更为广阔的平台。它更多定义的是一种格式、一种架构，而不是具体的算法。它可以将各种各样的多媒体技术充分用进来，包括压缩本身的一些工具、算法，也包括图像合成、语音合成等技术。

习题 8

一、填空题

1. 当连续的图像变化每秒超过 24 帧画面以上时，根据视觉暂留原理，人眼无法辨别单幅的静态画面；

看上去具有平滑连续视觉效果的画面称为_____。
2. 视频与_____属于不同的技术，后者是利用照相术将动态的影像捕捉为一系列的_____。
3. _____指荧光屏上画面更新的速度，其单位为 fps（frame per second，帧/秒）。
4. 根据压缩前和解压缩后的数据的一致与否，压缩可分为_____和_____。
5. 常用的视频格式有_____（列 5 种）。

二、选择题

1. 当连续的图像变化每秒超过（　　）帧画面以上时，根据视觉暂留原理，人眼无法辨别单幅的静态画面，因而看上去是平滑连续的视觉效果。
   A. 8　　　　　　　B. 24　　　　　　　C. 25　　　　　　　D. 10
2. PAL 与 SECAM 规定其更新率为（　　）。
   A. 10fps　　　　　B. 29.97fps　　　　C. 25fps　　　　　D. 24fps
3. 下面关于分辨率的说法，正确的是（　　）。
   A. 分辨率指单位长度内的有效像素值
   B. 分辨率指图像的高/宽像素值
   C. 分辨率随视频放大而增大
   D. 视频放大后看得更清晰
4. 视频压缩按不同的标准可分成不同的类型，下面的叙述中，错误的是（　　）。
   A. 根据压缩前和解压缩后的数据一致与否，可将视频压缩分为有损压缩和无损压缩
   B. 根据压缩时考不考虑相邻帧之间的冗余信息，可将视频压缩分为帧内压缩和帧间压缩
   C. 根据压缩比的高低，可将视频压缩分为高比例和低比例压缩
   D. 根据压缩和解压缩占用计算处理能力和时间是否一样，可将视频压缩分为对称和不对称压缩
5. 关于视频数字化，叙述正确的是（　　）。
   A. 就是将视频数据从摄像机导入到计算机
   B. 就是将视频信号经过视频采集卡转换成数字视频文件存储在数字载体上
   C. 就是一个复制过程
   D. 就是将视频播放出来

三、简答题

1. 简述 MPEG 标准？
2. 适合网络传输的常用视频格式有哪些？
3. AVI 格式的特点是什么？
4. 视频压缩和静态图片压缩的主要区别在什么地方？有哪些相同之处？
5. 帧内压缩和帧间压缩的区别是什么？
6. 对称压缩和不对称压缩各有什么特点？

第 9 章 视频编辑软件 VideoStudio

视频对信息的表达效果是其他表达方式所无法相比的。它可以将信息以动态的、五彩缤纷的形式展现在观众眼前。当然，如何将视频的优势发挥出来、发挥好，就要看视频编辑的能力了。"工欲善其事，必先利其器"。显然，选择一款好的视频编辑工具对制作优秀的视频是很关键的。本章将为读者介绍一款简单易用的视频编辑软件——会声会影。

9.1 VideoStudio 简介

VideoStudio 的中文名称为"会声会影"，它是一款在国内普及度较高的视频编辑软件。该软件以简单易用、功能丰富的风格赢得了用户的良好口碑。它具有的成批转换功能与捕获格式完整支持，让剪辑影片更快、更有效率；画面特写镜头与对象创意覆叠，可随意制作出新奇百变的创意效果。会声会影的编辑模式，从捕获、剪辑、转场、特效、覆叠、字幕、配乐到刻录，可让用户全方位剪辑出好莱坞级的家庭电影，能够完全满足家庭或个人所需的影片剪辑功能，甚至可以挑战专业级的影片剪辑软件。

VideoStudio 最早是由 Ulead 公司（友立公司）推出的，最早的版本有 VideoStudio 4，以后陆续推出了版本 5、6、7、8、9、10、11。之后，原来的 Ulead 公司被 Corel 公司收购，该软件的版本标识也跟着变为 VideoStudio X2、X3、X4、X5，截至本书编写时，会声会影的最新版本就是 X5。不过有些人习惯延续以前版本号排列顺序的叫法，把后续的版本称为 VideoStudio 12、13 等。其实，所谓会声会影 12，就是指会声会影 X2，以此类推。从功能上讲，肯定是版本越新越强大，新版本兼容老版本，具体的操作风格上各版本之间会略有不同。本书的所有例子均以 VideoStudio X4 为蓝本进行介绍。

9.1.1 基本功能

VideoStudio 的基本功能当然就是进行视频编辑。按照视频编辑的环节，VideoStudio 主要实现了如下 3 大块基本功能。

1. 捕获功能

要制作视频，必须要有相关的一些素材，而这些素材多来源于 DV 或照相机等设备，这些设备的存储介质和存储格式各不相同。VideoStudio 的捕获功能给用户提供了将这些视频或图像记录到计算机硬盘的简便方法。VideoStudio 可让用户从 DVD-video、DVD-VR、AVCHD、BDMV 光盘、DV 或 HDV 摄像机、移动设备及模拟和数字电视捕获设备中捕获或导入视频。

2. 编辑功能

通过捕获和其他途径，用户得到了视频项目所需的视频素材和图像。编辑为用户提供整理媒体素材，添加或修改转场效果、标题和音频，预览等功能。编辑是集合项目中所有元素的地方。用户可以从"素材库"中选择视频、转场、标题、图形、效果和音频素材并添加到

"时间轴"中。使用"选项"面板可以进一步自定义使用的每个元素的属性。

3. 分享功能

该功能主要用于满足观众的需求或以其他用途的视频文件格式分享用户的项目。用户可以将渲染的影片作为视频文件导出,将项目刻录为带有菜单的 AVCHD、DVD 和 BDMV 光盘,导出到移动设备或直接上传到 Vimeo、YouTube、Facebook 或 Flickr 账户。

9.1.2 工作界面

不同版本的 VideoStudio,其界面也会有所不同,本书以 VideoStudio X4 为例介绍。

1. 启动和退出 VideoStudio X4 应用程序

可以从 Windows 桌面或"开始"菜单中启动"Corel 会声会影 Pro",并从应用程序窗口退出程序。

① 启动应用程序

- 在 Windows 桌面双击"Corel 会声会影 Pro X4"图标,也可以从 Windows "开始"菜单的程序列表中启动"Corel 会声会影 Pro"。

② 退出应用程序

- 单击应用程序窗口右上角的"关闭"按钮 ▇。

2. VideoStudio X4 的工作界面

按照前面的方法启动 VideoStudio X4 后,就进入了它的工作界面。界面中可能会有一个浮动的帮助窗口,关闭即可,如果不想在下一次启动的时候见到该窗口,就选定该窗口左下方的复选按钮。关掉浮动窗口后,就看到了主工作界面,软件会自动创建一个新工作区,新工作区是为提供更好的编辑体验而设计的。用户可以更改屏幕上各组件的大小和位置。各个面板都是独立的窗口,可以按照用户的编辑喜好来更改,在使用大屏幕或双显示屏编辑时,这一点尤其有用,如图 9.1 所示。

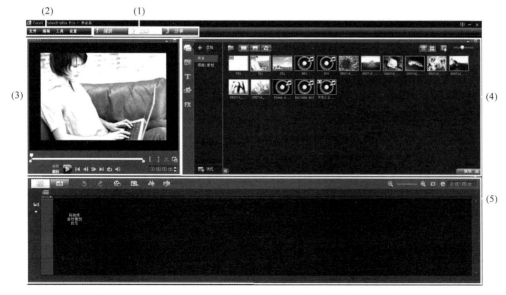

图 9.1 会声会影 X4 主界面

(1) 步骤面板

包括"捕获"、"编辑"和"分享"按钮,如图 9.2 所示。VideoStudio X4 将影片制作过程简化为 3 个简单步骤,单击步骤面板中的按钮,可在步骤之间切换。

图 9.2 步骤面板

(2) 菜单栏

包含"文件"、"编辑"、"工具"和"设置"菜单,如图 9.3 所示。这些菜单提供了用于自定义 VideoStudio X4、打开和保存影片项目、处理单个素材等的不同命令集。

图 9.3 菜单栏

(3) 播放器面板

包含预览窗口和导览面板,如图 9.4 所示。导览面板提供一些用于回放和精确修整素材的按钮。使用导览控制可以移动所选素材或项目,使用修整标记和擦洗器可以编辑素材。在"捕获"步骤中,它也可用于 DV 或 HDV 摄像机的设备控制。

图 9.4 播放器面板

① 预览窗口

显示当前项目或播放的素材。

② 擦洗器

可以在项目或素材之间拖曳。

③ 修整标记

可以拖动设置项目的预览范围或修整素材。

④ 项目/素材模式

指定预览整个项目或只预览所选素材。

⑤ 依次为播放、返回起始位置、移动到上一帧、移动到下一帧、移动到结束位置、循环回放、系统音量控制。

⑥ 时间码

通过指定确切的时间码，可以直接跳到项目或所选素材的某个部分。

⑦ 放大预览窗口

增大"预览窗口"的大小。

⑧ 分割素材

分割所选素材。将擦洗器放在想要分割素材的位置，然后单击此按钮。

⑨ 开始标记/结束标记

在项目中设置预览范围或设置素材修整的开始点和结束点。

（4）素材库面板

包含媒体库、媒体滤镜和选项面板，如图 9.5 所示。

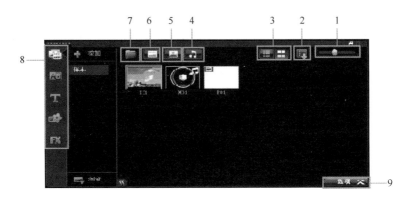

图 9.5　素材库面板

① 缩略图大小滑动条

左右移动滑动条来减小或增大缩略图的大小。下一个会话中，会声会影将使用最后一个缩略图大小作为默认大小。

② 媒体素材排序

单击"素材排序"按钮，然后选择"按名称"、"按类型"或"按日期"，可以对素材库中的素材进行排序。

③ 更改媒体素材视图

单击"列表视图"按钮 ▦，以包含文件属性的列表形式显示媒体素材，或单击"缩略图视图"按钮 ▦ 显示缩略图。

④ 显示/隐藏音乐

⑤ 显示/隐藏照片

⑥ 显示/隐藏视频

⑦ 导入媒体文件

通过它可以向媒体素材库中添加媒体素材。

⑧ 媒体素材、转场、标题、图形和滤镜切换按钮

可以使用该图标切换显示媒体素材、转场、标题、图形和滤镜。

⑨ 选项

可以通过双击素材缩略图或单击"选项"按钮打开"选项"面板，它随程序的模式和正在执行的步骤或轨发生变化。"选项"面板可能包含一个或两个选项卡。每个选项卡中的控制和选项都不同，具体取决于所选素材。

（5）时间轴面板

包含工具栏和项目时间轴。

通过工具栏，如图9.6所示，可以便捷地访问编辑按钮。还可以更改项目视图，在"项目时间轴"上放大和缩小视图，以及启动不同工具进行有效的编辑。

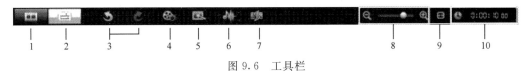

图9.6　工具栏

① 故事板视图

按时间顺序显示媒体缩略图。

② 时间轴视图

允许用户在不同的轨中对素材执行精确到帧的编辑操作，添加和定位其他元素，如标题、覆叠、画外音和音乐。

③ 依次为撤销上一个操作、重复上一个撤销的操作。

④ 录制/捕获选项

显示"录制/捕获选项"面板，该面板可执行捕获视频、导入文件、录制画外音和抓拍快照等所有操作。

⑤ 即时项目

允许用户选择带有图片、标题和音乐以及可用用户自己的素材轻松替换的占位符媒体素材的开场和结束的项目模板。

⑥ 混音器

启动"环绕混音"和多音轨的"音频时间轴"，自定义用户的音频设置。

⑦ 自动音乐

启动"自动音乐选项面板"为项目添加各种风格和基调的Smartsound背景音乐，还可以根据项目的持续时间设置音乐长度。

⑧ 缩放控件

通过使用缩放滑动条和按钮可以调整"项目时间轴"的视图。

⑨ 将项目调到时间轴窗口大小。

将项目视图调到适合于整个"时间轴"跨度。

⑩ 项目区间

显示项目区间。

"项目时间轴"是组合视频项目中要使用的媒体素材的位置。"项目时间轴"中有两种视图显示类型：故事板视图和时间轴视图。单击"工具栏"左侧的按钮，可以在不同视图之间切换。

整理项目中的照片和视频素材最快且最简单的方法是，使用"故事板视图"，如图9.7所示。故事板中的每个缩略图都代表一张照片、一个视频素材或一个转场。缩略图是按其在项目中的位置显示的，可以拖动缩略图重新进行排列。每个素材的区间都显示在各缩略图的底部。此外，可以在视频素材之间插入转场以及在"预览窗口"修整所选的视频素材。

图 9.7 故事板视图

"时间轴视图"为影片项目中的元素提供最全面的显示。它按视频、覆叠、标题、声音和音乐将项目分成不同的轨，如图 9.8 所示。

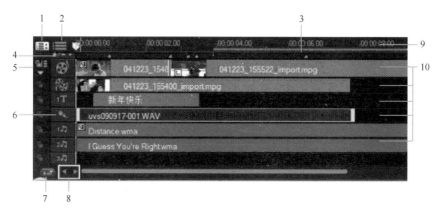

图 9.8 时间轴视图

① 显示全部可视化轨道

显示项目中的所有轨道。

② 轨道管理器

可以管理"项目时间轴"中可见的轨道。

③ 所选范围

显示代表项目的修整或所选部分的色彩栏。

④ 添加/删除章节或提示

可以在影片中设置章节或提示点。

⑤ 启用/禁用连续编辑

当插入素材时锁定或解除锁定任何移动的轨。

⑥ 轨按钮

可以选择不同的轨。

⑦ 自动滚动时间轴

预览的素材超出当前视图时,启用或禁用"项目时间轴"的滚动。

⑧ 滚动控制

可以使用左和右按钮或拖动"滚动栏"在项目中移动。

⑨ 时间轴标尺

以"时:分:秒:帧"的形式显示项目的时间码增量,帮助确定素材和项目的长度。

⑩ 从上到下依次为:包含视频、照片、色彩素材和转场的视频轨;包含覆叠素材,可以是视频、照片、图形或色彩素材的覆叠轨;包含标题素材的标题轨;包含画外音素材的声音轨;包含音频文件中的音乐素材的音乐轨。

3. 工作区布局

(1) 移动面板

- 双击播放器面板、时间轴面板或素材库面板的左上角。当面板处于活动状态时,可以最小化、最大化及调整各个面板的大小。对于双显示屏设置,还可以将主窗口外的面板拖动到第二个显示屏区域。

(2) 停靠面板

- 单击并按住活动面板,出现停靠指南,如图 9.9 所示。

图 9.9 活动面板停靠示意

- 将鼠标拖动到停靠指南上,然后选择贴齐面板的停靠位置。

(3) 保存自定义工作区布局

- 单击"设置"→"布局设置"→"保存至",然后单击"自定义"选项。

(4) 加载自定义工作区布局

- 单击"设置"→"布局设置"→"切换到",然后选择"默认"或已保存的自定义设置。

9.1.3 简单使用

VideoStudio（会声会影）与其他软件相同，也是通过项目来管理视频编辑工作的。它将视频、标题、声音和效果都整合到渲染过程中。而项目设置确定了在预览项目时影片项目的渲染方式。输出的视频可以在计算机上播放、刻录到光盘或上传到互联网上。

在启动 VideoStudio X4 时，它会自动打开一个新项目供用户开始制作影片。新项目总是基于应用程序的默认设置。

下面通过制作一个电子相册来体验一下使用 VideoStudio X4 自制影片的乐趣。假设用户去翠华山旅游，照了一组漂亮的照片，希望将其制作成一段精美的视频来播放。

用会声会影来完成这个任务是非常方便的。当然，用户必须先要设计和确定一个方案。这里按照题目要求制订如下方案：影片起始要有一个介绍性的片头，接着按照拍照时间先后播放照片，每张照片播放 5 秒钟，照片与照片之间要有切换效果，照片播放时有伴乐，最后有片尾。

根据上述方案，制作步骤如下：

(1) 首先启动 VideoStudio X4，软件会自动打开了一个新项目（见图 9.10）。

图 9.10 新项目

(2) 对参数进行设置：单击"设置"（见图 9.11）→"参数选择"，将素材显示模式改为"仅略图"（见图 9.12），单击"编辑"选项卡（见图 9.13），将默认照片/色彩区间改为 5 秒，在下方选定"自动添加专场效果"，在默认专场效果中选择"随机"，然后单击"确定"按钮。

(3) 接着单击"捕获"（见图 9.14）→"从数字媒体导入"（见图 9.15）→"选取导入源文件夹"（见图 9.16）；在树状目录中找到照相机对应的存储位置，如果照片不是直接存储在该目录中的，而是存储在其子文件夹内，则先单击其前面的加号标记，直到直接存储照片的文件夹出现,在该图标左侧的方框内单击,使其出现红色的选中对勾标记;单击"确定"(见图 9.17)→"起始"(见图 9.18),单击欲选取照片左上角的方框选中目标,或单击"选取全部素材"按钮 → "开始导入"(见图 9.19),注意"插入到时间轴"为选中状态,单击"确定"按钮(见图 9.20)。

图 9.11 "设置"菜单

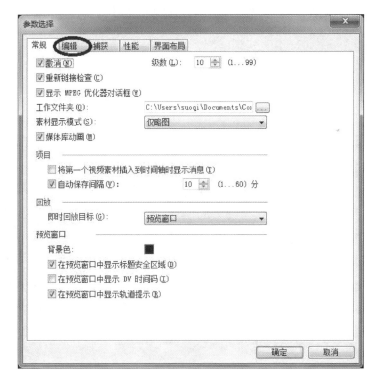

图 9.12 "参数选择"窗口的"常规"选项卡

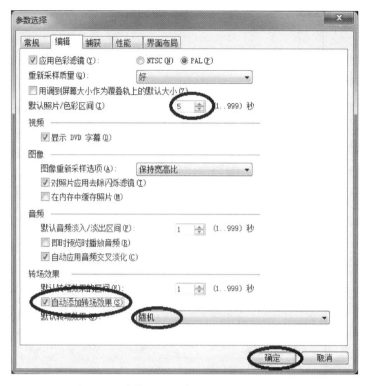

图 9.13 "参数选择"窗口的"编辑"选项卡

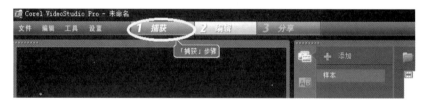

图 9.14 捕获步骤

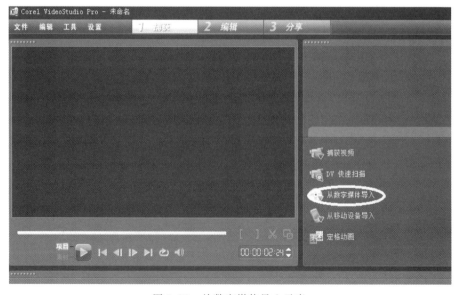

图 9.15 从数字媒体导入示意

图 9.16 选取导入源文件夹示意

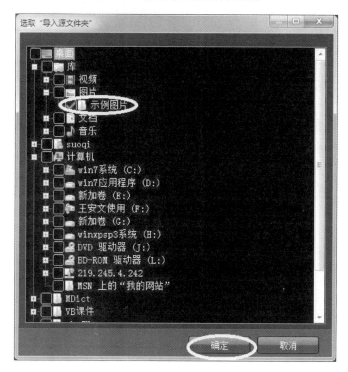

图 9.17 选取待导入文件示意

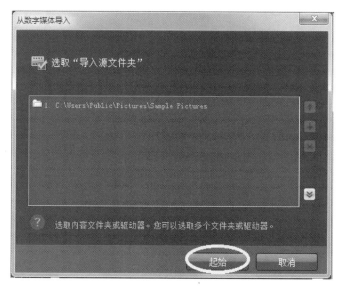

图 9.18 单击"起始"示意

图 9.19 开始导入示意

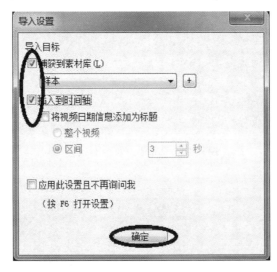

图 9.20 "导入设置"对话框

此时已经将所需的照片导入项目中,单击"编辑"按钮(见图 9.21),会发现时间轴的视频轨上出现了导入的照片,此时已可在导览窗口中单击"播放"按钮来预览效果。

(4)接下来插入片头:单击"即时项目"按钮 (见图 9.22),选择"项目中选开始",单击选取下方的一个示例,在右侧有预览,选定后在下方的"插入到时间轴中"选择"在开始处添加",最后单击"插入"按钮(见图 9.23),将时间轴拖到起始位置,在标题轨中双击文字,再在预览窗口中双击文字将其修改为"翠华山之旅"(见图 9.24),单击预览窗口中的项目,接着单击"播放"按钮可预览效果(见图 9.25)。

图 9.21 单击"编辑"步骤示意

图 9.22 即时项目示意

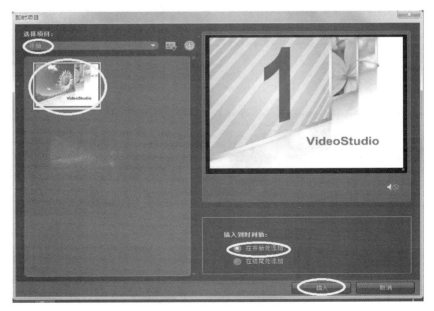

图 9.23 即时项目窗口

图9.24 修改标题示意

图9.25 预览示意

(5) 再来插入片尾:单击"即时项目"按钮 ,选择"项目中选结尾",单击选取下方的一个示例,在右侧有预览,选定后在下方的"插入到时间轴中"选择"在结尾处添加",最后单击"插入"按钮(见图9.27),将时间轴拖到末尾位置,在标题轨中双击文字,再在预览窗口中双击文字将其修改为"制作人:王"(见图9.28),单击预览窗口中的项目,接着单击"播放"按钮可预览效果(见图9.29)。

(6) 下面给片子配乐:单击媒体库面板中的"媒体"按钮(见图9.30),单击"导入媒体文件"按钮(见图9.31),在弹出的窗口中找到想作为配乐的曲子,选定后单击"打开"(见图9.32),在媒体库窗口中找到该曲子,单击右键,选择"插入到"单击声音轨(见图9.33),在声音轨上用鼠标拖动曲子与第一张照片的起始位置对齐(见图9.34),将播放进度定位到时间轴的最后一张照片的结束位置,单击声音轨,单击预览窗口中的"结束标记"按钮,截去曲子的多余部分(见图9.35),单击预览窗口中的项目,接着单击"播放"按钮可预览效果(见图9.36)。

图9.26 "即时项目"按钮示意

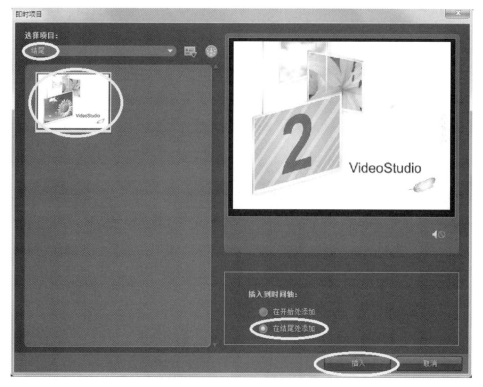

图9.27 即时项目窗口

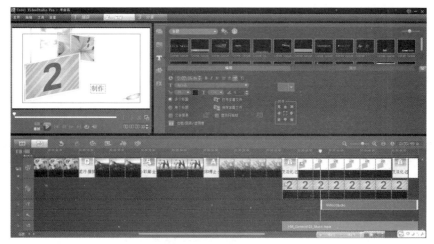

图 9.28　标题输入示意

图 9.29　预览示意

图 9.30　"媒体"按钮示意

图 9.31　"导入媒体文件"按钮示意

图 9.32 "浏览媒体文件"窗口

图 9.33 插入音频示意

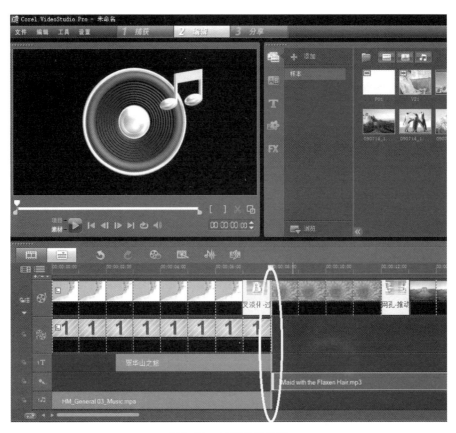

图 9.34 对齐音频示意

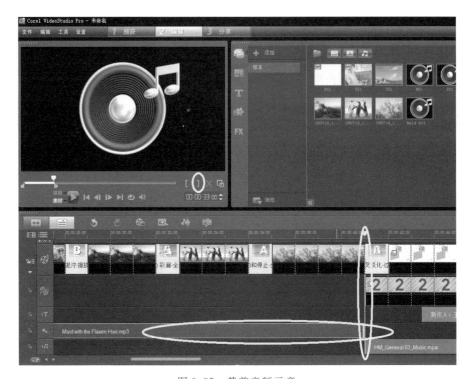

图 9.35 裁剪音频示意

图 9.36　预览示意

（7）到此，影片就基本做好了，最后进行影片"分享"：单击"分享"（见图 9.37），根据需求选择一种分享方式，这里选择"创建视频文件"，与项目设置相同（见图 9.38），选定要存储的位置并为文件命名后单击"保存"按钮（见图 9.39）。等待渲染完成后，软件会自动在导览窗口中播放该影片，同时也被加入到了素材库中，当然也可以到保存位置找到该文件，用其他播放器播放或复制。

图 9.37　分享步骤

从以上应用实例中不难看出，使用会声会影制作影片包含 3 个步骤：①获得素材；②编辑影片；③发布影片。而在实际的影片制作过程中，既可以严格按照这 3 个步骤的顺序来制作，也可以①、②步交叉进行，也就是一边编辑一边获得素材，需要用到什么素材再导入什么素材，当然第③步是不可能提前的，只有编辑好了影片才能发布分享。

1. 获得素材主要完成的就是要将各种媒体设备、存储装置和计算机上的视频、图片、声音、文字等素材加载到素材库中，当然也可以根据不同需求直接添加到时间轴上，以备编辑影片使用。有如下几种操作方法：

图 9.38 创建视频选择示意

图 9.39 "创建视频文件"窗口

(1) 通过捕获面板中的选项完成：单击"捕获视频"按钮，将视频镜头和照片从摄像机捕获到计算机中；单击"DV 快速扫描"按钮，扫描 DV 磁带并选择想要添加到影片的场景；单击"从数字媒体导入"按钮 ，从 DVD-Video/DVD-VR、AVCHD、BDMV 格式的光盘或从硬盘中添加媒体素材。此功能还允许用户直接从 AVCHD、BD 或 DVD 摄像机导入视频；单击"从移动设备导入"按钮 ，从移动设备添加照片或视频；单击"定格动画"按钮 ，使用从照片和视频捕获设备中捕获的图像制作即时定格动画。

（2）通过"导入媒体文件"按钮导入想要的素材。

（3）通过"浏览"打开文件浏览器想要找的素材。找到后，拖动到媒体库中或者直接拖动到时间轴上。

2．编辑影片步骤是集合项目中所有元素的地方。可以从"素材库"中选择视频、转场、标题、图形、效果和音频素材并添加到"时间轴"上。使用"选项"面板可以进一步自定义使用的每个元素的属性。

3．发布影片主要是为了满足观众需求或其他用途的视频文件格式分享项目。可以将渲染的影片作为视频文件导出，将项目刻录为带有菜单的 AVCHD、DVD 或 BDMV 光盘，导出到移动设备或直接上传到 Vimeo、YouTube、Facebook 或 Flickr 账户。可以通过"分享"步骤中的"选项"面板来实现：

（1） 创建视频文件——创建具有指定项目设置的项目视频文件。

（2） 创建声音文件——允许用户将项目的音频部分保存为声音文件。

（3） 创建光盘——启动"光盘制作向导"，以 AVCHD、DVD 或 BDMV 格式输出项目。

（4） 导出到移动设备——创建可导出版本的视频文件，可在 iPhone、iPad、iPod Classic、iPod Touch、Sony PSP、Pocket PC、Smartphone、Nokia 手机和 SD（安全数字）卡等外部设备上使用。

（5） 项目回放——清空屏幕，并在黑色背景上显示整个项目或所选片段。如果有连接到系统的 VGA-TV 转换器、摄像机或录像机，则还可以输出到磁带。它还允许在录制时手动控制输出设备。

（6） DV 录制——允许用户使用 DV 摄像机将所选视频文件录制到 DV 磁带上。

（7） HDV 录制——允许用户使用 HDV 摄像机将所选视频文件录制到 DV 磁带上。

（8） 上传到网站——允许用户使用自己的 Vimeo、YouTube、Facebook 和 Flickr 账户在线共享视频。

通过前面的介绍，可以看出编辑影片是最重要的一个环节，也是最为复杂的一个环节。该环节主要包括视频处理、音频处理、字幕处理等。

9.2 VideoStudio 的视频处理

由上一节的介绍可知，视频处理是影片制作的一个很重要的方面。那么，如何进行视频处理呢？总的思路是，先得到多个视频小段。那么视频小段小到什么程度呢？小到用户认为该段视频可以进行统一的编辑和效果处理即可。然后将这些视频小段连接起来，当然连接的时候还可以增加一些转场效果；或者把得到的视频小段分几组分别连接，对连接后的较大视频段可进一步编辑和效果处理，最后再将得到的视频段连接。

9.2.1 视频分割

通过前一段的介绍可以看出，视频处理首先就是要把得到的视频按照需求进行分割。接下来通过一个例子来看看使用 VideoStudio X4 如何进行视频处理。

假设现有根据某主题拍摄的若干视频段，要对它们进行编辑连接，制作成一部影片。

第 1 步：获得视频素材。这里假定视频设备为数字设备（目前流行的视频设备大多是数字的，且支持移动存储），所以可以将其当作移动存储设备。这样，操作方法就为：连接视频设备到计算机，如果需要选择模式就选为存储设备。打开 VideoStudio X4。

将视频素材导入到素材库中，为了便于管理，在素材库中建立一个文件夹单独存储它们。单击素材库中的"添加"按钮，如图 9.40 所示。

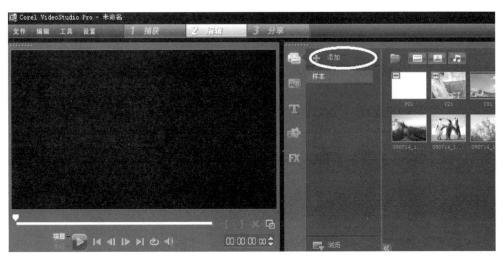

图 9.40 "添加"按钮示意

为出现的新文件夹输入名称"项目 1 素材"，如图 9.41 所示。

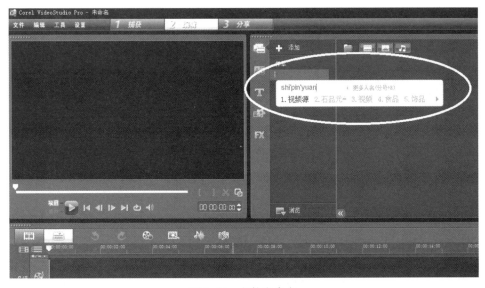

图 9.41 文件夹命名

单击"导入媒体文件"按钮，如图 9.42 所示。

图 9.42 "导入媒体文件"按钮示意

单击"计算机"图标，在主窗口中选择视频设备对应的移动存储标识，找到录制的视频文件并选中，文件名会出现在"文件名"框中，单击"打开"按钮，如图 9.43 所示。

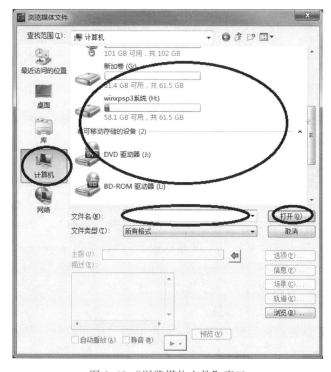

图 9.43 "浏览媒体文件"窗口

单击"文件"→"保存"，如图 9.44 所示。

图 9.44 菜单示意

选择"计算机",在主窗口中选择合适的存储文件夹,在"文件名"框中输入文件名"例子 2",单击"保存"按钮,如图 9.45 所示。值得注意的是,一定要勤于保存,否则,一旦有异常发生,将前功尽弃。

图 9.45 "另存为"窗口

第 2 步:分割视频,这里所用的第 1 个视频段的起始和末尾需要去掉一点,只留中间的使用。操作方法为先将素材添加到视频轨:单击素材库中要处理的视频图标,单击鼠标右键,选择"插入到",单击视频轨;或者直接将视频拖动到视频轨上,如图 9.46 所示。

接着开始分割:拖动"擦洗器"到要截取视频的起始点(使用"前一帧"和"后一帧"按钮可以精确定位),单击"开始标记"按钮或按 F3 键,如图 9.47 所示。

拖动"擦洗器"到要截取视频的结束点(使用"前一帧"和"后一帧"按钮可以精确定位),单击"结束标记"按钮或按 F4 键,如图 9.48 所示。

此时可以单击"播放"来进行预览。

最后保存,否则当拖动标记时依然可以看到去掉的视频部分,因为会声会影此时并没有真正在视频中删掉它们,只是做了标记。单击"故事板视图"切换,单击"故事板"上的视频来选定它,单击"文件"→"保存修整后的视频"保存修整后的视频素材,如图 9.49 所示。保存完成后素材库中会出现一个以刚才的视频文件名加"-1"来命名的视频文件,它就是修整后的文件,里面只剩下要截取的视频部分。

图 9.46　插入素材示意

图 9.47　视频起始标记示意

图 9.48　视频结束标记示意

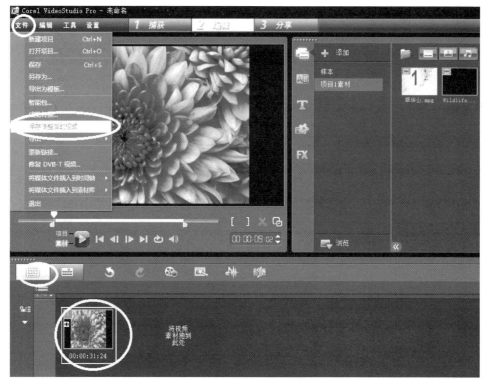

图 9.49　保存修整后视频示意

这里用的第 2 个视频段需分割为两段。操作方法为先用前一视频的添加方法将素材添加到视频轨；接着开始分割：单击"故事板"中要分割的视频图标，拖动"擦洗器"到要截取视频的起始点（使用"前一帧"和"后一帧"按钮可以精确定位），单击"按照飞梭栏的位置分割素材"按钮，或按 Ctrl＋I 组合键，如图 9.50 所示。

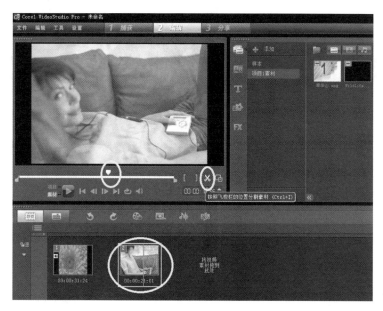

图 9.50　视频分割示意

此时可以单击选定其中一段，单击"播放"来进行预览。当然也可以选定后按 Delete 键或用鼠标右键菜单来删除某段。最后把需要的视频段按前一视频保存的方法保存。

显然，分割后的视频还可以用同样的方法进一步分割，达到分为多段的目的。

这里用的第 3 个视频段是多个场景拍摄的，需按不同的场景分割为多段。操作方法为先用第 1 段视频的添加方法将素材添加到视频轨；接着开始分割：单击"故事板"中要分割的视频图标，选中要分割的素材，单击素材库右下角的"选项"按钮，打开选项面板，如图 9.51 所示。

图 9.51　打开选项面板示意

单击"选项"面板中"视频"选项卡上的"按场景分割"（见图 9.52），打开"场景"对话框。

单击"选项"，在"场景扫描敏感度"对话框中，拖动滑动条设置敏感度级别。此值越高，场景检测越精确，单击"确定"返回"场景"对话框。单击"扫描"，会声会影随即将扫描整个视频文件并列出检测到的所有场景。可以将检测到的部分场景合并到单个素材中。选择要连接在一起的所有场景，然后单击"连接"。加号（＋）和一个数字表示该特定素材所合并的场景的数目。单击"分割"可撤销已完成的所有"连接"操作。修整好后单击"确定"按钮（见图 9.53）。

图 9.52　按场景分割选择示意

图 9.53　"场景"窗口

素材即被分割，如图 9.54 所示。

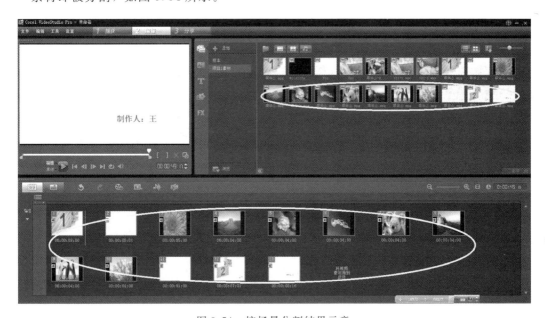

图 9.54　按场景分割结果示意

此时可以单击选定其中一段，单击"播放"来进行预览。当然也可以选定后按 Delete 键或用鼠标右键菜单来删除某段。最后把需要的视频段按第 1 个段视频的保存方法保存。

这里用的第 4 个视频段中有多个地方需要删剪，删剪后形成多段。操作方法为先用第 1 段视频的添加方法将素材添加到视频轨；接着开始分割：单击"故事板"中要分割的视频图标，选中要分割的素材，单击素材库右下角的"选项"按钮，打开选项面板，如图 9.55 所示。

图 9.55　打开选项面板示意

单击选项面板中"视频"选项卡上的"多重修整视频"（见图 9.56），打开"多重修整视频"对话框。

图 9.56　多重修整视频选择示意

首先单击"播放"查看整个素材，以确定在"多重修整视频"对话框中标记片段的方法；通过拖动时间轴缩放来选择要显示的帧数，可以选择显示每秒一帧的最小分割；拖动擦洗器，直到到达要用做第 1 个片段的起始帧的视频部分，单击"设置开始标记"按钮；再次拖动擦洗器，这次拖到要终止该片段的位置，单击"设置结束标记"按钮；重复执行前两个步骤，直到标记出要保留或删除的所有片段。单击"反转选取"按钮或按 Alt＋I 组合键，可以在标记保留素材片段和标记剔除素材片段之间进行切换。完成后，单击"确定"按钮（见图 9.57）。

素材即被分割，保留的视频片段随即将插入到"时间轴"上，如图 9.58 所示。

此时可以单击选定其中一段，单击"播放"来进行预览。当然也可以选定后按 Delete 键或用鼠标右键菜单来删除某段。最后把需要的视频段按第 1 个段视频的保存方法保存。

对于同一视频的分割要求，可以使用多种方法来实现，读者需选择简单快捷的方法。当然，会声会影中还有其他的分割操作方法及一些辅助工具，由于篇幅限制，这里不再赘述。

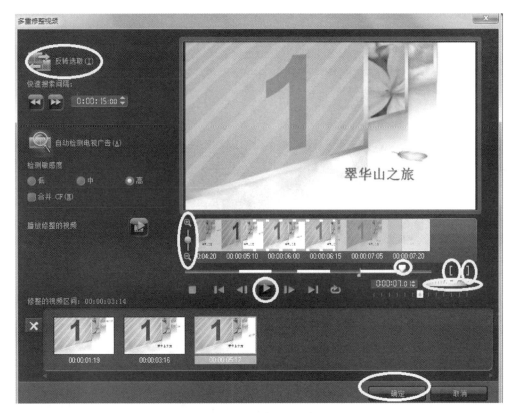

图 9.57 多重修整视频窗口

图 9.58 多重修整结果示意

9.2.2 视频特效

在视频处理中，除了对视频进行分割剪切以外，还经常对播放画面的尺寸、形状、色彩甚至内容等进行调整，另外也经常为不同的视频段添加一些播放效果，使影片更加绚烂夺目。

打开工程文件"例子 2.VSP"。

"媒体库"显示了"素材库"中的照片、视频和音频选择。这些元素可以添加到对应轨道中。打开"媒体"→"项目1素材"文件夹；可以看到前一节处理得到的所有视频段；为了让影片有更好的视觉效果，需要对这些视频段进行进一步的处理。下面继续以上例作为依托，对会声会影的视频效果处理方法进行介绍。

第3步：视频特效处理。前两步的制作使得视频轨上可能已有一些视频素材，可以逐个浏览一下，把不需要的视频段删除（选中后按Delete键或用右键菜单完成）；如果还有需要却没有添到视频轨上的素材，可以到媒体库中找到并添加到视频轨上（可使用右键菜单等方法完成）；当然，如有需要，还可以从外部导入。

1. 增强素材

通过调整视频或图像素材的当前属性（例如，其在色彩校正中的色彩设置），会声会影可以改善视频或图像的外观。

设有一段视频拍摄时光线较差，那么就可以通过如下方法进行调整：选中"时间轴"或"故事面板"中要调整的照片或视频，单击"选项"打开"选项"面板，单击"色彩校正"，如图9.59所示。

图9.59 选择色彩校正示意

拖动滑块调整素材的色调、饱和度、亮度、对比度或伽马值（Gamma）；观看预览窗口以了解新的设置对图像的影响；双击相应的滑动条，重置素材的原始色彩设置，如图9.60所示。

该窗口中也可调整白平衡。"白平衡"通过消除由冲突的光源和不正确的相机设置所导致的不需要的色偏，恢复图像的自然色温。

例如，在图像或视频素材中，白炽灯照射下的物体可能显得过红或过黄。要成功获得自然效果，需要在图像中确定一个代表白色的参考点。会声会影提供了几种用于选择白点的选项：

图 9.60 色彩校正示意

- 自动——自动选择与图像的总体色彩相配的白点。
- 选取色彩——可以在图像中手动选择白点。使用"色彩选取"工具可以选择应为白色或中性灰的参考区域。
- 白平衡预设——通过匹配特定光条件或情景,自动选择白点。
- 温度——用于指定光源的温度,以开氏温标(K)为单位。较低的值表示钨光、荧光和日光情景,而云彩、阴影和阴暗的温度较高。

另外,还可以选择"自动调整色调"来调整色调。通过单击"自动调整色调"下拉菜单,可以指定将素材设置为最亮、较亮、一般、较暗或最暗。

2. 调整素材大小和变形素材

设有一段视频需要调整,则可在"视频轨"上单击选择要调整的素材,然后单击"选项"面板中的"属性"选项卡。选择"变形素材"选项框,将出现黄色拖柄(见图9.61)。此时,

- 拖动角上的黄色拖柄可按比例调整素材大小。
- 拖动边上的黄色拖柄可调整大小但不保持比例。
- 拖动角上的绿色拖柄可倾斜素材。

3. 滤镜

视频滤镜是可以应用到素材的效果,用来改变素材的样式或外观。使用滤镜是增强素材或修正视频中缺陷的一种有创意的方式。例如,可以制作一个看起来像油画的素材或改善素材的色彩平衡。滤镜可单独或组合应用到"视频轨"、"覆叠轨"、"标题轨"和"音频轨"中。

设时间轴上有一素材需要添加滤镜效果,操作方法如下。

单击"素材库"中的滤镜显示各种滤镜样本的缩略图,选择"时间轴"中的素材,然后选择素材库显示的缩略图中的视频滤镜,将该视频滤镜拖放到"视频轨"中的素材上(见图9.62)。

图 9.61 素材变形调整示意

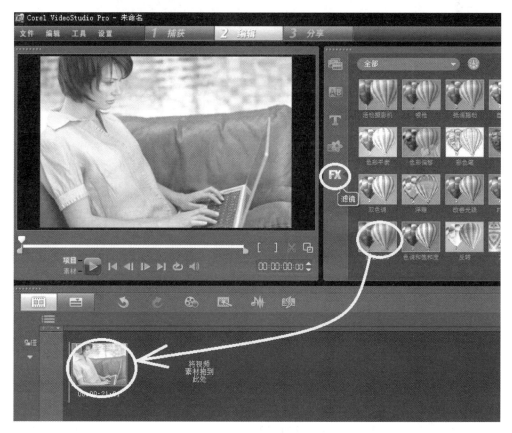

图 9.62 应用滤镜示意

单击"选项"面板中"属性"选项卡下的自定义滤镜，可以自定义视频滤镜的属性（见图 9.63）。可用的选项取决于所选的滤镜。

图 9.63 滤镜属性设置示意

用"导览"工具可预览应用了视频滤镜的素材的外观。

默认情况下，素材所应用的滤镜总会由拖到素材上的新滤镜替换。取消选取替换上一个滤镜可以对单个素材应用多个滤镜。会声会影最多可以向单个素材应用 5 个滤镜。在对项目进行渲染时，只有启用的滤镜才能包含到影片中（是否启用通过单击 来改变）。如果一个素材应用了多个视频滤镜，单击 或 可改变滤镜的次序。改变视频滤镜的次序会对素材产生不同效果。

会声会影允许以多种方式自定义视频滤镜，如通过添加关键帧到素材中。关键帧可为视频滤镜指定不同的属性或行为。可以灵活地决定视频滤镜在素材任何位置上的外观和让效果的强度随时间而变。

为素材设置关键帧的方法如下：

① 将视频滤镜从"素材库"拖放到"时间轴"中的素材上。

② 单击自定义滤镜，将出现视频滤镜对应的对话框（见图 9.64）。可用设置对于每个视频滤镜都各不相同。

③ 在关键帧控制中，拖动擦洗器或使用箭头，可以转到所需的帧，以便修改视频滤镜的属性。使用鼠标滚轮可以缩小或放大"时间轴控制"栏，从而精确放置关键帧。

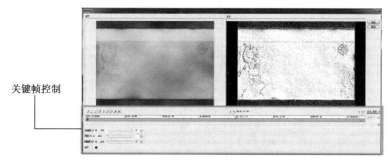

图 9.64　色度和饱和度调整窗口

④ 单击"添加关键帧"按钮 ![]，可以将该帧设置为素材中的关键帧。可以为此特定的帧调整视频滤镜的设置。"时间轴控制"栏上会出现一个菱形标记 ![]，此标记表示该帧是素材上的一个关键帧。

⑤ 重复步骤③和步骤④，可以向素材添加更多关键帧。

⑥ 使用"时间轴控制",可以编辑或转到素材中的关键帧。

- 要删除关键帧，请单击"删除关键帧"按钮 ![]。

- 单击"翻转关键帧"按钮 ![] 可以翻转"时间轴"中的关键帧的顺序，即以最后一个关键帧为开始，以第一个关键帧为结束。

- 要移动到下一关键帧，请单击"转到下一个关键帧"按钮 ![]。

- 要移动到所选关键帧的前一个关键帧，请单击"转到上一个关键帧"按钮 ![]。

⑦ 单击"淡入"按钮 ![] 和"淡出"按钮 ![] 来确定滤镜上的淡化点。

⑧ 根据参数选择调整视频滤镜设置。

⑨ 在对话框的"预览窗口"中单击"播放"按钮 ![] 预览所做的更改。

⑩ 完成后，单击"确定"按钮。

可以在"预览窗口"或外部设备（如电视机或 DV 摄像机）上预览应用了视频滤镜的素材。要选择显示设备，请单击 ![]，然后单击 ![] 打开"预览回放选项"对话框。

4. 覆叠效果的应用

此功能允许添加覆叠素材，与"视频轨"上的视频合并起来。可以使用覆叠素材创建画中画效果，还可以使用覆叠素材添加低三分之一效果，使影片作品看起来更专业。"覆叠轨"也用于插入视频，同时使音频与主轨分开。要创建带有透明背景的覆叠素材，可创建 32 位 Alpha 通道 AVI 视频文件或带有 Alpha 通道的图像文件。使用会声会影的"遮罩和色度键"功能可使素材中的某一特定颜色变成透明。

设有一段素材需要添加一个画中画的视频段，操作方法如下。

① 在"素材库"中，选取包含要添加到项目中的覆叠素材的媒体文件夹。

② 从素材库中将该媒体文件拖到时间轴上的覆叠轨中，如图 9.65 所示。

③ 自定义覆叠素材，单击覆叠轨中的覆叠素材选中它，单击"选项"打开选项面板（见图 9.66）。

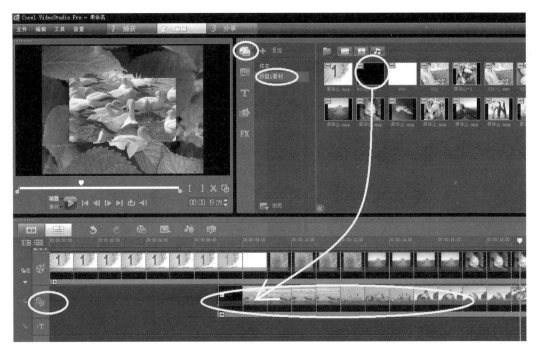

图 9.65 添加覆叠素材示意

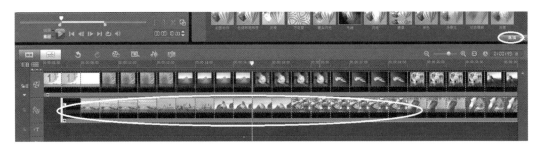

图 9.66 打开选项面板示意

单击"属性"打开"属性"选项卡(见图 9.67)。

图 9.67 "属性"选项卡

覆叠素材随后将调整为预设大小并放置在中央。使用"属性"选项卡中的选项可以为覆叠素材应用方向/样式、添加滤镜等。操作方法与前面对素材的修整相似。此时，在"预览窗口"中拖动覆叠素材上的拖柄以调整其大小。如果拖动角上的黄色拖柄，那么在调整素材大小时，可以保持宽高比。拖动覆叠素材周围轮廓框的每个角上的绿色节点可以使覆叠素材变形。选择绿色节点时，光标变成一个尾部带有小黑框的小箭头。

单击"属性"选项卡中的遮罩和色度键（见图9.68），可使素材中的某一特定颜色变得透明并将"视频轨"中的素材显示为背景。

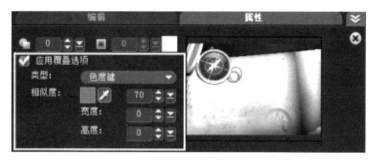

图9.68 色度键设置示意

单击"应用覆叠选项"，然后从"类型"下拉列表中选择"色度键"。

在"相似度"选项中选择滴管工具按钮，选取要在"预览窗口"渲染为透明的颜色。当单击滴管选取颜色遮罩时，可以立即看到图像使用色度键后的效果。

移动色彩相似度滑动条可以调整要渲染为透明的色彩范围。还可以通过设置"宽度"和"高度"来修剪覆叠素材。

要添加更多轨，可右键单击"覆叠轨"，打开"轨道管理器"，或单击"工具栏"上的轨道管理器打开"轨道管理器"对话框（见图9.69）。

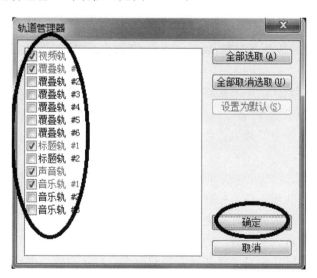

图9.69 "轨道管理器"对话框

选择要显示的"覆叠轨"，单击"确定"按钮，重复前面的操作就可以添加多个覆叠素材。

图片的导入与视频的导入方法是一样的，处理操作也基本相同，这里不再赘述。

9.2.3 视频转场

经过上一节的介绍，各个视频段已经做了相应的处理，得到了满意的效果。但是，当预览整个项目时，看到的只是多个视频段的连续播放，并没有整体感，原因在于两段视频之间没有过渡和衔接。下面介绍一下会声会影中提供的视频衔接功能——转场。

转场使影片可以从一个场景平滑地切换为另一个场景。会声会影的转场可以应用到"时间轴"中的所有轨道上的单个素材上或素材之间。有效地使用此功能，可以为影片添加专业化的效果。会声会影在"素材库"中有 16 种类型的转场。对于每一种类型，均可选择使用缩略图的特定预设效果，如图 9.70 所示。

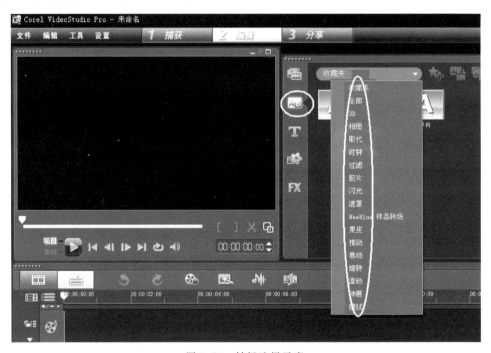

图 9.70 转场选择示意

下面依然以前面介绍的例子为依托，看看如何将会声会影中的这些转场添加到素材中。
打开工程文件"例子 2.VSP"。
第 4 步：为影片添加专场效果。前两节已经将所需的视频段添加到了时间轴中。

1. 添加转场

现在假设要为视频段添加转场，则在会声会影编辑器中执行以下操作之一：

- 单击素材库中的转场，从下拉列表的各种转场类型中进行选择。滚动查看素材库中的转场。选择一个效果并将其拖到"时间轴"上欲添加转场的两个视频素材之间。松开鼠标，此效果将进入此位置。一次只能拖放一个转场。
- 双击素材库中的转场会自动将其插入到前两个素材之间的空白转场位置中。重复此过程会将转场插入到下一个位置。要替换项目中的转场，可在"故事板视图"或"时间轴视图"中将新的转场拖动到转场缩略图进行替换。
- 在"时间轴"中拖动并重叠欲添加转场的两个素材。

2. 自动添加转场

会声会影也提供了自动添加转场功能，使得添加转场更简单。其操作方法如下：

选择"设置"→"参数选择"→"编辑"，然后选择"自动添加转场效果"。接着从"默认转场效果"下拉菜单中选择一种转场效果，则两个素材之间会自动添加默认转场。

但不管是启用还是禁用参数选择中的自动添加转场效果，覆叠素材之间总是会自动添加默认转场。另外，该方法只对参数设置后向视频轨添加的素材有效，而对设置前已经添加到视频轨的内容无影响。

3. 将所选的转场添加到所有视频轨素材

会声会影提供了一次为所有的切换设置相同的专场效果。其操作方法是：

① 选择转场的缩略图。

② 单击"对视频轨应用当前效果"按钮 ，或右键单击转场，然后选择对视频轨应用当前效果。

4. 为所有视频轨上的素材添加随机转场效果

会声会影可为所有视频轨上的素材添加随机转场效果。其操作方法是：

- 单击"对视频轨应用随机效果"按钮。

5. 自定义预设转场

① 双击"时间轴"中的转场效果。

② 修改"选项"面板中转场的属性或行为。

6. 删除转场

选择如下一种操作方法：

- 单击要删除的转场并按 Delete 键。
- 右键单击转场并选择"删除"。
- 拖动分开带有转场效果的两个素材。

7. 将转场添加至"收藏夹"

可以从不同类别中收集自己喜欢的转场，将它们保存到收藏夹文件夹中。通过这种方式，可以很方便地找到用户常用的转场效果。操作方法如下：

① 选择转场的缩略图。

② 单击"添加至收藏夹"按钮 ，将转场添加至"收藏夹库"列表。

9.3 VideoStudio 的音频处理

声音是影视作品的重要元素之一。会声会影允许为项目添加音乐、画外音和声音效果。会声会影中的"音频"功能由 4 个轨组成，即 1 个声音轨和 3 个音乐轨。可将画外音插入声音轨，将背景音乐或声音效果插入音乐轨。

9.3.1 音频导入

第 5 步：导入音频。打开工程文件"例子 2.VSP"，可以用以下任一方法将音频文件添加到项目中：

- 将音频文件从本地或网络驱动器添加到"素材库"。

- 转存 CD 音频。
- 录制画外音素材。
- 使用自动音乐。
- 从视频文件中提取音频。

1. 将音频文件添加到"素材库"

单击"导入媒体文件"按钮 ![ ]，查找计算机上的音频文件进行添加。

2. 画外音

纪录片、新闻和旅游节目通常使用画外音来帮助观众理解视频中所发生的事情。会声会影允许录制自己的画外音，操作方法如下：

① 将"擦洗器"移动到视频部分中要插入画外音的位置（见图 9.71）。

② 在"时间轴"视图中单击"录制/捕获选项"按钮并选择画外音（见图 9.72），显示"调整音量"对话框。不能在现有素材上录音。选中素材后，录音将被禁用。单击"时间轴"上的空白区域，确保未选中任何素材。

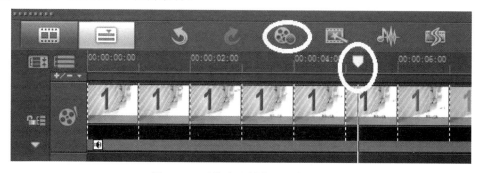

图 9.71 画外音录制位置选定示意

图 9.72 录制选项窗口

对话筒讲话，检查仪表是否有反应。可使用 Windows 混音器调整话筒的音量级别。单击"开始"并开始对话筒讲话。按 Esc 键或 Space 键可结束录音。

录制画外音的最佳方法是录制 10～15 秒的画外音段，这样更便于删除录制效果较差的画外音并重新进行录制。要删除画外音，只需在"时间轴"上选取此素材并按下 Delete 键。

3. 从音频 CD 导入音乐

会声会影可以将 CD 上的声轨录制并转换为 WAV 文件，然后将它们插入到"时间轴"作为背景音乐。会声会影还支持 WMA、AVI 及其他可直接插入"音乐轨"中的流行音频文件格式。会声会影可以从音频 CD 导入音乐轨，它可以复制 CDA 音频文件，然后将其作为 WAV 文件保存在硬盘上。具体操作方法如下：

① 在"时间轴"视图中单击"录制/捕获选项"按钮并单击"从音频 CD 导入"（见图 9.73）。

图 9.73 录制选项窗口

将显示"转存 CD 音频"对话框（见图 9.74）。

② 在"轨道"列表中选择要导入的音轨。

③ 单击"浏览"并选择将保存导入文件的目标文件夹。

④ 单击"转存"开始导入音频轨。

4. 从视频文件中提取音频

单击"时间轴"上的视频素材以选定它，单击"选项"按钮打开选项面板（见图 9.75）。

单击选定"视频"卡，再单击"分割音频"即可实现（见图 9.76），此时声音轨上就出现了分割出来的音乐。注意，分割前声音轨中应没有音乐文件。

5. 自动音乐

会声会影还提供了自动音乐功能，该功能可基于无版税音乐轻松创作高水平的配乐，并将其用作项目的背景音乐。每段音乐可采用不同的拍子或乐器变化，感兴趣的读者可以自行学习。

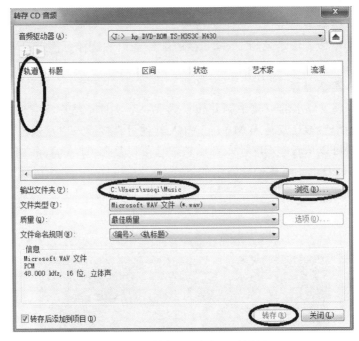

图 9.74 "转存 CD 音频"对话框

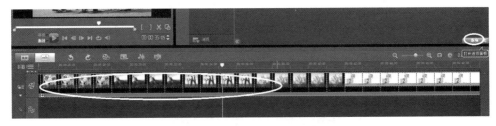

图 9.75 打开选项面板示意

图 9.76 分割音频示意

9.3.2 音效处理

第6步：为影片添加音频。打开工程文件"例子2.VSP"。

1. 使用素材音量控制

单击"时间轴"上的音频素材以选定它，单击"选项"按钮打开选项面板，在"音乐和声音"选项卡中找到音量控制（见图9.77）。素材音量代表原始录制音量的百分比，取值范围为0%～500%，其中0%将使素材完全静音，100%将保留原始的录制音量。

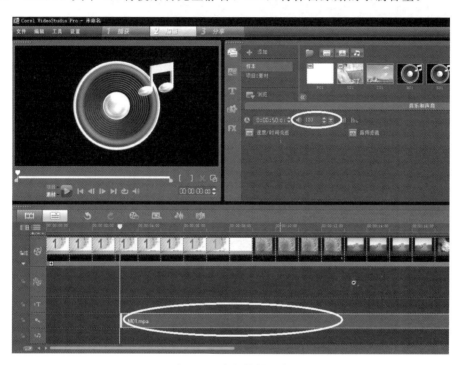

图 9.77　音量控制示意

2. 修整音频素材

在录制声音和音乐后，可以在"时间轴"上轻松地修整音频素材。要修整音频素材，只要执行以下操作之一即可：

• 从开始或结束位置拖动拖柄以缩短素材。在"时间轴"上，选中的音频素材有两个拖柄，可用它们来进行修整，如图9.78所示。

• 拖动修整标记（见图9.79）。

• 移动擦洗器，然后单击"开始标记/结束标记"按钮（见图9.80）。

3. 分割音频素材

拖动擦洗器到分割点，然后单击"分割素材"按钮，分割素材（见图9.81）。

4. 延长音频区间

时间延长功能可以延长音频素材以配合视频区间，而不会使其失真。通常，为适合项目而延长视频素材将导致声音失真。时间延长功能将使音频素材听上去像是以更慢的拍子进行播放。需要注意的是，如果将音频素材调整到50%～150%，声音将不会失真。但是，如果调整到更低或更高的范围，则声音可能会失真。延长音频素材区间的操作方法如下：

图 9.78 音频素材拖柄示意

图 9.79 修整标记示意

图 9.80 标记示意

图 9.81 音频分割示意

① 单击"时间轴"或"素材库"中的音频素材,然后打开"选项"面板(见图 9.82)。

图 9.82 "音乐和声音"选项卡

② 在"音乐和声音"选项卡面板中,单击"速度/时间流逝",打开"速度/时间流逝"对话框(见图 9.83)。

图 9.83 "速度/时间流逝"对话框

③ 在"速度"中输入数值或拖动滑动条,以此改变音频素材的速度。较慢的速度使素材的区间更长,而较快的速度可以使其更短。

可以在时间延长区间中指定素材播放的时间长度。素材的速度将根据指定区间自动调整(见图 9.84)。如果指定较短的时间,此功能将不会修整素材。

另外,按住 Shift 键然后拖动所选音频素材的拖柄,可在时间轴中延长此音频素材的时间。

图 9.84　时间延长区间

5．复制音频的声道

有时音频文件会把人声和背景音频分开并放到不同的声道上。复制音频的声道可以使其他声道静音。要复制音频声道，可单击工具栏中的"混音器"按钮 。单击"属性"选项卡并选择"复制声道"（见图 9.85）。选择要复制的声道，可能是左或右。

图 9.85　"属性"选项卡

在使用麦克风录制画外音时，画外音将只录制到一个声道。可以使用此功能复制声道来提高音频音量。

6．应用音频滤镜

会声会影允许为音乐和声音轨中的音频素材应用滤镜。其操作方法如下：

① 单击"时间轴"上的音频素材以选定它，单击"选项"按钮打开"选项"面板（见图 9.86）。

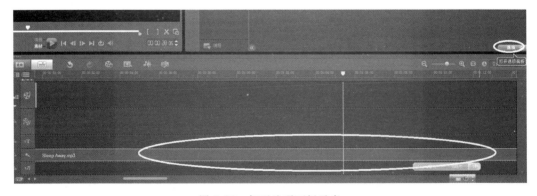

图 9.86　打开选项面板示意

② 在"音乐和声音"选项卡中单击"音频滤镜"按钮（见图 9.87）。

将显示"音频滤镜"对话框（见图 9.88）。

③ 在"可用滤镜"列表中，选择所需的音频滤镜并单击"添加"按钮。

图 9.87 音频滤镜选择示意

图 9.88 "音频滤镜"对话框

如果"选项"按钮已启用,则可以对音频滤镜进行自定义。单击"选项"打开一个对话框,可在其中为特定音频滤镜定义设置(见图 9.89)。

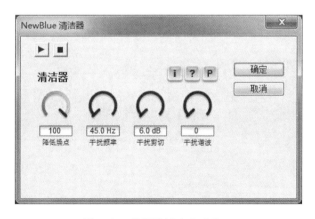

图 9.89 音频滤镜自定义窗口

④ 单击"确定"按钮。

9.3.3 音频混合

通过上一节的介绍,已经将各个音频素材剪辑好并放入了各个音轨。但是,我们经常需要对同时播放的多个音频进行音量的相对控制,以达到在不同时刻突出不同主音频的目的。例如,旁白的时候希望背景音乐声音要小,而旁白结束的时候,又希望背景音乐恢复原有的音量等。而将画外音、背景音乐和视频素材中已有的音频很好地混合在一起的关键是，控制素材的相对音量。要混合项目中的不同音频轨，可单击工具栏上的"混音器"按钮 ，如图 9.90 所示，然后进行相应的操作。

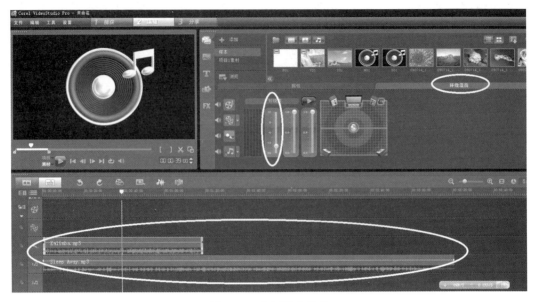

图 9.90 音频混合示意

如果想让声音轨的某点声音增大，操作方法是：单击"时间轴"上声音轨中的音频素材以选定它，拖动"擦洗器"到欲增大声音的位置，拖动"环绕混音"面板中的环绕声音量控制按钮调整声音的大小，此时声音轨中素材上会出现一个小方块，小方块及其右方的线段也随调整而上下移动，如图 9.91 所示。

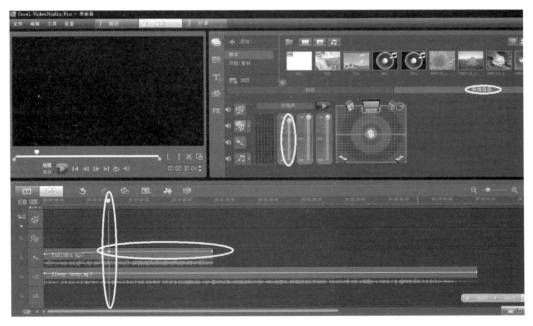

图 9.91 音量调整示意

若想改变声音轨其他位置的相对音量,可再次拖动"擦洗器"到欲增大声音的位置,拖动"环绕混音"面板中的环绕声音量控制按钮,调整声音的大小到合适。调整其他音乐轨上声音大小的方法是相同的,只要选对应音轨上的音乐素材即可,调整完成后如图 9.92 所示。

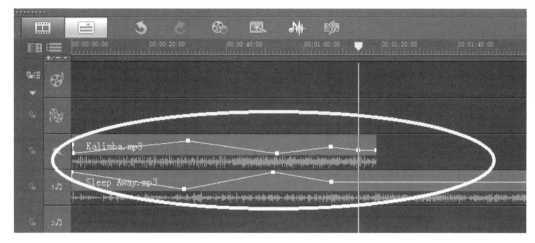

图 9.92 混音调整结果示意

直接拖动素材中的小方块可以再次改变该位置的音量。再次单击工具栏上的"混音器"按钮 结束混音调整。

在同一音轨上连续播放的多个音乐素材之间通常希望有一个平滑的过渡,即让前一段音乐逐渐结束,而后一段音乐逐渐开始。会声会影提供了音频的淡入/淡出功能,以便为音频素材实现淡化效果。其操作方法如下:

① 单击"时间轴"上音轨中的音频素材以选定它,单击"选项"按钮打开选项面板(见图 9.93)。

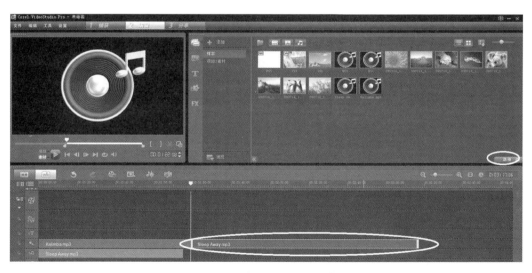

图 9.93 打开选项面板示意

② 在选项面板的"音乐和声音"选项卡中单击"淡入" 和"淡出" 按钮,为素材添加淡入和淡出效果(见图 9.94)。

图 9.94 淡入/淡出添加示意

也可以在音乐轨上直接通过拖动使两个音频段重叠，实现为前一段添加淡出，为后一段添加淡入。通过单击工具栏上的"混音器"按钮 ，然后拖动素材中的小方块，可以调整淡入/淡出的音量和时间长短。

9.4 VideoStudio 的文字处理

通过前面的介绍与操作，一部影片已基本完成，可以在预览窗口中看到很好的视听效果。虽然此时的图片和声音可以表达千言万语，但是在视频作品中添加文字（即字幕、开场和结束时的演职员表等）还是必不可少的，它可使影片更为清晰明了。通过会声会影，可在几分钟内就为影片创建出带特殊效果的专业化外观的文字。

9.4.1 添加文字

会声会影允许用多文字框和单文字框来添加文字。使用多文字框能灵活地将文字的不同词语放置在视频帧的任何位置，并允许安排文字的叠加顺序。而在为项目创建开场标题和结尾鸣谢名单时，单文字框非常适用。

第 7 步：为影片添加字幕。打开工程文件"例子 2.VSP"。

1. 直接在"预览窗口"添加多个标题文字

其操作方法如下：

① 在"素材库"面板中单击标题（见图 9.95）。
② 双击预览窗口（见图 9.96）。
③ 在"编辑"选项卡中，选择多个标题（见图 9.97）。
④ 使用导览面板中的按钮可以扫描影片，并选取要添加标题的帧。
⑤ 双击预览窗口并输入文字（见图 9.98）。

输入完成后，单击文本框之外的地方。要添加其他文字，可在预览窗口中再次双击，然后输入文字。

2. 为项目添加预设标题

操作方法是只需将一个预设标题缩略图从"素材库"拖动到"标题轨"（见图 9.99）。

在标题轨中双击文字，再在预览窗口中双击文字将其修改，打开"选项"面板编辑标题属性，单击预览窗口中的项目，接着单击"播放"按钮可预览效果（见图 9.100）。

可以添加多个标题并修改每个标题的属性。标题素材可以放到"标题轨"或"视频轨"上。

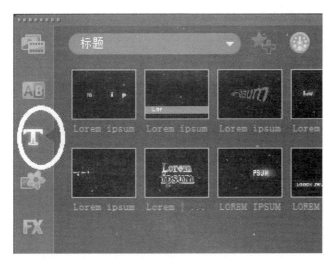

图 9.95 选择标题示意

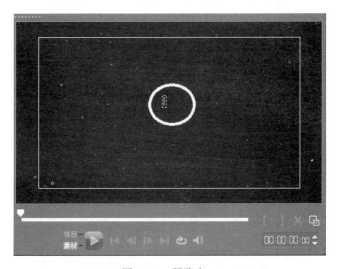

图 9.96 预览窗口

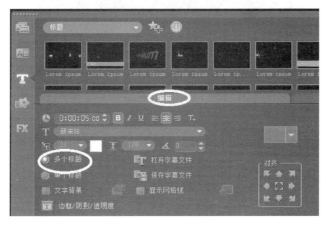

图 9.97 操作示意

图 9.98 标题输入示意

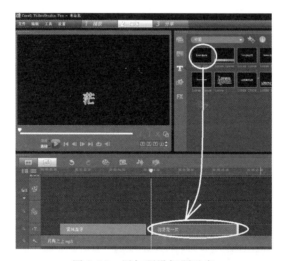

图 9.99 添加预设标题示意

图 9.100 修改文字示意

9.4.2 文字效果

将标题保存到"素材库"的"收藏夹"中。

如果还希望对其他项目使用已创建的标题，可以将其保存在"素材库"的"收藏夹"中，方法是将一个标题拖动到"素材库"进行保存，或右键单击"时间轴"中的标题素材，并单击添加至收藏夹。

标题安全区域：为了确保标题的边缘不会被剪切掉，应将文字保留在标题安全区域之内。标题安全区域是预览窗口上的矩形白色轮廓。显示或隐藏标题安全区域的方法是：单击"设置"→"参数选择"，选择"常规"选项卡，单击在预览窗口中显示标题安全区域。

1. 编辑标题

① 选择"标题轨"上的标题素材，然后双击预览窗口启用标题编辑。

② 使用"选项"面板中的"编辑和属性"选项卡修改标题素材的属性，如字体、样式和大小等，对文字应用边框、阴影和透明度，并为文字添加文字背景。

2. 调整标题素材的区间

操作方法是，拖动素材的拖柄或在"编辑"选项卡中输入区间值（见图 9.101）。

图 9.101　操作示意

要查看标题在底层视频素材上显示的外观，可选中此标题素材并单击播放修整后的素材或拖动擦洗器。

另外，还可以将一个素材的属性复制并粘贴到另一个上。要执行这一操作，可右键单击源素材，选择复制属性，然后右键单击目标素材并选择粘贴属性。

3. 在预览窗口中旋转文字

操作方法是，选择一个文字，在预览窗口显示黄色和紫色拖柄，然后单击并拖动紫色拖柄到想要的位置。还可以在"选项"面板"编辑"选项卡的按角度旋转中，指定一个值应用更精确的旋转角度。

4. 应用动画

使用标题动画工具（如"淡化"、"移动路径"和"下降"）可以将动画应用到文字中。操作方法如下：

① 在"属性"选项卡中选择动画和应用。

② 从"类型"下拉列表中选择动画类别，从"类型"下的框中选择特定的预设动画。

③ 单击"自定义动画属性"按钮，打开用于指定动画属性的对话框。

④ 对于一些动画效果，可以拖动暂停区间拖柄，以指定文字在进入屏幕之后和退出屏幕之前停留的时间长度（见图9.102）。

图9.102　暂停区间拖柄

5. 预设"标题效果"

使用预设"标题效果"（如"气泡"、"马赛克"和"涟漪"），将滤镜应用到文字中。标题滤镜位于不同的标题效果类别内。其操作方法如下：

① 单击滤镜并在"画廊"下拉菜单中选择"标题效果"。"素材库"显示了"标题效果"类别下的各种滤镜的缩略图（见图9.103）。

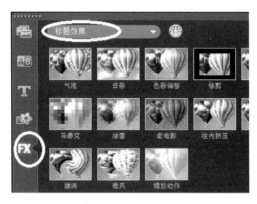

图9.103　标题效果

② 选择一个素材库显示的缩略图中的标题滤镜，并拖放到"标题轨"中的素材上。

默认情况下，素材所应用的滤镜总会由拖到素材上的新滤镜替换。在"选项"面板的"属性"选项卡中，清除替换上一个滤镜，可以对单个标题应用多个滤镜。

③ 单击"选项"面板"属性"选项卡下的"自定义滤镜"，可以自定义标题滤镜的属性。可用的选项取决于所选的滤镜。

④ 用"导览"工具可预览应用了视频滤镜的素材的外观。

如果一个素材应用了多个标题滤镜，单击 ▲ 或 ▼ 按钮可改变滤镜的次序。改变标题滤镜的次序会对素材产生不同效果。

9.4.3　文件字幕

前面介绍到的都是需要手工添置字幕的方法。那么在制作MV时，如何利用现成的字幕文件呢？会声会影允许使用文件字幕，字幕文件的格式为UTF。网上有很多转换和制作该格式文件的软件，读者可以自行学习。这里假设字幕文件已准备好。添加的方法如下：

在"素材库面板"中单击"标题"按钮，选择"选项"打开"选项"面板，单击"编辑"选定"编辑"选项卡（见图9.104）。

单击"打开字幕文件"按钮打开"打开"对话框（见图9.105）。

图 9.104　添加文件字幕示意

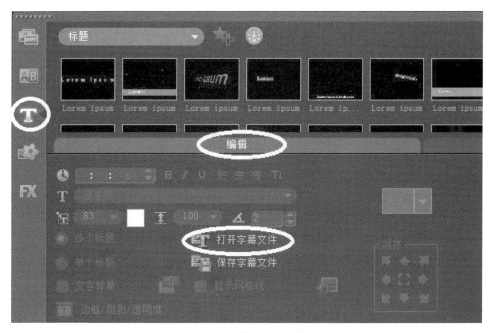

图 9.105　"打开"对话框

找到对应的字幕文件，然后单击"打开"，文件中的字幕会自动按时间顺序插入到标题轨上（见图 9.106）。

图 9.106 操作结果示意

习题 9

一、填空题

1. VideoStudio 的中文名称为_____，它是一款在国内普及度较高的视频编辑软件。
2. 按照视频编辑的环节，VideoStudio 主要实现了_____、_____和_____3 大块的基本功能。
3. 会声会影 X4 的步骤面板包括_____、_____和_____按钮。
4. 会声会影 X4 的菜单栏包含_____、_____、_____和_____菜单。
5. "项目时间轴"中有两种视图显示类型，分别是_____和_____。

二、选择题

1. 会声会影是一款（　　）软件。
   A. 文字排版　　B. 电子表格　　C. 视频编辑　　D. 数据库
2. 会声会影目前总共有（　　）个版本。
   A. 11　　B. 14　　C. 15　　D. 16
3. 关于会声会影 X4 进行视频分割的说法中，正确的是（　　）。
   A. 会声会影 X4 对视频只能进行手动分割
   B. 会声会影 X4 对视频只能进行自动分割
   C. 会声会影 X4 对视频既能进行手动分割又能进行自动分割
   D. 会声会影 X4 对视频不能进行视频分割
4. 关于会声会影 X4 进行视频处理的说法中，正确的是（　　）。
   A. 会声会影 X4 可以对视频的颜色等进行调整
   B. 会声会影 X4 可以对视频的大小形状进行调整
   C. 会声会影 X4 可以为视频添加一些特殊的播放效果
   D. 会声会影 X4 可以生成任意格式的视频
5. 关于会声会影 X4 对音频进行修整的说法中，错误的是（　　）。
   A. 会声会影 X4 可以对音频进行分割
   B. 会声会影 X4 可以对音频进行滤镜效果设置
   C. 会声会影 X4 可以把视频中的声音分离出来
   D. 会声会影 X4 可以生成任意格式的音频
6. 会声会影 X4 进行音频混合的关键是（　　）。
   A. 调整音乐轨的音量大小
   B. 控制素材的相对音量
   C. 增大声音轨的声音

D. 同时增加各音轨的音量
7. 会声会影 X4 进行批量字幕添加的便捷方法是（　　）。
   A. 通过字幕文件向项目添加字幕
   B. 通过向标题轨添加标题添加字幕
   C. 通过预设标题效果添加标题
   D. 通过预览窗口添加标题

三、简答题

1. 会声会影 X4 将视频素材导入项目中有哪些操作方法？
2. 会声会影 X4 将视频素材分割有哪些操作方法？
3. 用会声会影 X4 给视频素材之间添加转场效果有哪些操作方法？
4. 会声会影 X4 对音频素材有哪些处理方法？
5. 使用会声会影 X4 为项目添加字幕有哪些操作方法？

四、操作题

1. 基于自己外出某地旅游的一组照片，使用会声会影 X4 制作一段电子相册影片，要求有片首、片尾文字提示，有配乐，有照片转场效果。
2. 用摄像机等拍摄一段视频，将其导入到会声会影 X4 的项目中。
3. 将自己拍摄的一段视频分割成五段并存储起来。
4. 找一段视频，调整它的色度等，观察其变化。
5. 使用自己喜欢的转场效果将几段视频连接起来。
6. 为项目录制旁白，并配背景音乐，进行混音处理。
7. 用自己喜欢的图片、动画、视频和音乐制作一首歌曲的 MTV，要有字幕。

参 考 文 献

[1] 黄纯国. 多媒体技术与应用. 北京：清华大学出版社，2011
[2] 郭小燕. 多媒体技术与应用. 北京：中国水利水电出版社，2012
[3] 耿国华. 多媒体艺术基础与应用. 北京：高等教育出版社，2005
[4] 教育部高等学校文科计算机基础教学指导委员会. 高等学校文科类专业大学计算机教学基本要求（2010年版）. 北京：高等教育出版社，2010
[5] 教育部高等学校计算机基础课程教学指导委员会. 高等学校计算机基础教学发展战略研究报告暨计算机基础课程教学基本要求. 北京：高等教育出版社，2009

反侵权盗版声明

电子工业出版社依法对本作品享有专有出版权。任何未经权利人书面许可，复制、销售或通过信息网络传播本作品的行为；歪曲、篡改、剽窃本作品的行为，均违反《中华人民共和国著作权法》，其行为人应承担相应的民事责任和行政责任，构成犯罪的，将被依法追究刑事责任。

为了维护市场秩序，保护权利人的合法权益，我社将依法查处和打击侵权盗版的单位和个人。欢迎社会各界人士积极举报侵权盗版行为，本社将奖励举报有功人员，并保证举报人的信息不被泄露。

举报电话：（010）88254396；（010）88258888
传　　真：（010）88254397
E-mail：　dbqq@phei.com.cn
通信地址：北京市海淀区万寿路 173 信箱
　　　　　电子工业出版社总编办公室
邮　　编：100036